Python
範例學習書

輕鬆、有趣學習Python程式設計

PREFACE 序

Python 是簡潔而強大的程式語言，具有豐富的第三方程式庫和工具，這讓程式設計變得更加容易和有趣。但是，初學者在學習 Python 時，常常會遇到許多困難和挫折。因此，我們撰寫了這本易於理解的 Python 學習書，以便於 Python 程式設計的學習。

希望能幫助讀者快速入門 Python 程式設計，並且將概念講解清楚，範例具有實用性且有趣味性。期許讀者在閱讀完本書後，具備完整的 Python 程式設計概念和能力，並且能夠自己寫出程式來。

我們建議以下的研讀模式：

1.　全書瀏覽：了解內容大綱，熟悉本書的結構和主題。

2.　各章節詳讀：詳細閱讀各章節內容，照著範例實際操作，熟悉指令、語法、資料結構及邏輯。

3.　程式實作：不看書上的程式碼，自己嘗試實作範例，這是初學者較無挫折感的學習方式。閱讀過的程式，再試著把它寫出來，以訓練自己寫程式的能力。

4.　習題練習：進一步學習，嘗試從習題的練習中，了解問題、分析問題、設計解決問題的步驟，以進一步提升自己的能力。

5.　進階學習：如果您很確實的完成前面四個步驟，您應該已經掌握了 Python 的基礎知識。現在可以透過閱讀官方文件和利用網路資源，進一步提高自己的能力。

6.　學習資源 ChatGPT：當你有特定問題或疑問時，可以使用 ChatGPT 來獲取有關 Python 的解答和建議。

這本書的完成，要感謝很多好朋友，碁峰資訊 Jessi 及眾多夥伴們，從這本書的寫作計劃開始，一路上給我很多協助與寶貴意見；寫作期間，家人的體諒與支持，使得這本書得以順利完成，也都是我要感謝的。

吳進北 2023/05

CONTENTS 目錄

CHAPTER 1 寫出第一個程式

1-1 安裝 Python 1-2

1-2 設置環境變數 1-3

1-3 常用 online 版 Python 的鏈結 1-4

1-4 第一個程式 1-5

1-5 常用 Python IDE 1-6

1-6 練習題 1-10

CHAPTER 2 資料的基本概念

2-1 變數 2-2

2-2 Python 變數命名規則 2-2

2-3 常用的變數命名例 2-3

2-4 Python 的主要資料型態 2-4

2-5 數字 2-5

2-6 字串 2-5

2-7 布林數 2-5

2-8 運算子 2-6

2-9 型別轉換 2-8

2-10 "=" 賦值運算符 2-9

2-11 物件參考賦值 2-10

2-12 跳脫字元 2-11

2-13 練習題 2-12

CHAPTER **3** 讓程式具有判斷力

3-1　IF 指令 3-2

3-2　多選一 elif 3-4

3-3　巢狀 IF 3-5

3-4　練習題 3-6

CHAPTER **4** 為程式加入反覆執行功能

4-1　for 迴圈 4-2

4-2　for i in range 4-3

4-3　while 迴圈 4-5

4-4　do-while 迴圈 4-8

4-5　巢狀迴路 4-8

4-6　單迴路多變數的應用 4-10

4-7　終止迴圈的執行 4-11

4-8　跳過本次迴圈剩下的程式碼 4-12

4-9　練習題 4-14

CHAPTER **5** 輸出的技巧

5-1　簡單輸出 5-2

5-2　空白去除法 5-3

5-3　f-string 輸出 5-3

5-4　不用 f-string 輸出 5-5

5-5　練習題 5-6

CHAPTER **6** 複雜資料結構的處理

6-1　串列（Lists） 6-2

6-2　元組（Tuples） 6-3

6-3　集合（Sets） 6-4

6-4　字典（Dictionaries） 6-7

6-5　堆疊（Stack）..6-10

6-6　佇列（Queue）..6-12

6-7　堆（Heap）..6-15

6-8　字串（Strings）...6-16

6-9　樹（Tree）..6-21

6-10　練習題...6-27

CHAPTER 7　程式變大後的解決辦法

7-1　函式.. 7-2

7-2　自訂函式.. 7-2

7-3　區域變數和廣域變數.. 7-4

7-4　內建函式.. 7-8

7-5　不定數量的位址參數、關鍵字參數...7-18

7-6　模組、套件與 import 指令...7-19

7-7　random 模組...7-20

7-8　time 模組...7-22

7-9　Schedule 模組...7-25

7-10　練習題...7-27

CHAPTER 8　Windows 介面程式設計

8-1　視窗.. 8-2

8-2　標籤.. 8-2

8-3　按鈕.. 8-2

8-4　輸入框.. 8-3

8-5　串列框.. 8-3

8-6　捲軸.. 8-3

8-7　選單.. 8-4

8-8　對話框.. 8-5

8-9　框架.. 8-6

8-10　表格式畫面安排.. 8-7

8-11　練習題... 8-8

CHAPTER 9 程式運算邏輯與解題技巧

9-1　暴力窮舉法 9-2

9-2　循序搜尋 9-8

9-3　二分搜尋 9-8

9-4　氣泡排序法 9-9

9-5　選擇排序 9-10

9-6　快速排序法 9-11

9-7　篩法 9-12

9-8　遞迴 9-14

9-9　列表推導式（list comprehension） 9-17

9-10　以字典實作深度優先搜尋（DFS） 9-20

9-11　以字典實作廣度優先搜尋（BFS） 9-21

9-12　趣味及實用題觀摩 9-29

9-13　練習題 9-56

CHAPTER 10 檔案讀寫

10-1　檔案讀取 10-2

10-2　檔案寫入 10-3

10-3　檔案關閉 10-4

10-4　檔案操作簡例 10-4

10-5　with 語句自動關閉檔案 10-7

10-6　檔案讀寫編碼處理 10-7

10-7　其他檔案讀寫範例 10-9

10-8　練習題 10-12

CHAPTER 11 用 Spyder 偵錯

11-1　變數瀏覽器（Variable Explorer） 11-2

11-2　偵錯器（Debugger） 11-4

11-3　練習題 11-9

CHAPTER 12　電腦軟體設計檢定程式實作

12-1　1060301：迴文判斷 12-2

12-2　1060302：直角三角形列印 12-4

12-3　1060303：質數計算 12-6

12-4　1060304：體質指數 BMI 12-8

12-5　1060305：矩陣相加 12-10

12-6　1060306：身分證號碼檢查 12-12

12-7　1060307：撲克牌比大小 12-17

12-8　1060308：分數加、減、乘、除運算 12-24

12-9　練習題 12-30

CHAPTER 13　程式設計比賽試題參考題實作

13-1　解題標準結構說明 13-2

13-2　磅數公斤 13-2

13-3　整數商餘 13-4

13-4　四數有權重相加 13-5

13-5　華氏轉攝氏 13-6

13-6　錢 13-7

13-7　BMI 13-8

13-8　所有位數值平方和 13-10

13-9　快樂數 13-12

13-10　完美數 13-16

13-11　噁爛數 13-18

13-12　阿姆斯壯數 13-20

13-13　重複文字只保留第一次出現者 13-22

13-14　質因數 13-24

13-15　輸出星期幾 13-26

13-16　四數有權重相加再算費波那契數 13-28

13-17　漢明距離 13-30

13-18　排序（Sort）練習 13-33

13-19　氣泡排序（Bubble Sort） 13-34

13-20 二維矩陣 13-36

13-21 二維矩陣 II..13-39

13-22 OX 棋 13-42

13-23 練習題...13-44

CHAPTER 14 APCS 大學程式設計先修檢測

14-1 最大和 14-3

14-2 成績指標 14-6

14-3 邏輯運算子 14-9

14-4 小群體 14-12

14-5 特殊編碼 14-15

14-6 完全奇數 14-17

14-7 定時 K 彈 14-19

14-8 秘密差 14-22

14-9 線段覆蓋長度 14-24

14-10 數字龍捲風 14-27

14-11 矩陣轉換 14-30

14-12 棒球遊戲 14-33

14-13 練習題...14-38

CHAPTER 15 用 ChatGPT 學 Python 程式設計

15-1 怎麼問..15-2

15-2 複雜的問題分多次請教 ChatGPT I....................................15-2

15-3 複雜的問題分多次請教 ChatGPT II 15-3

15-4 自己寫一個智慧型 chat 15-5

15-5 練習題...15-10

APPENDIX A 附錄

A-1 Python 語法簡例 A-2

A-2 10 個常見 Python 執行階段錯誤訊息與原因 A-5

A-3 使用 Python Help 文件 A-5

CHAPTER

寫出第一個程式

- 安裝 python
- 設置環境變數
- 常用 online 版 python 的鏈結
- 第一個程式
- 常用 Python IDE

用寫出第一個程式,來認識 Python 這個語言。

1-1　安裝 Python

1 前往 Python 官方網站（https://www.Python.org/downloads/ ）下載最新版本的 Python。

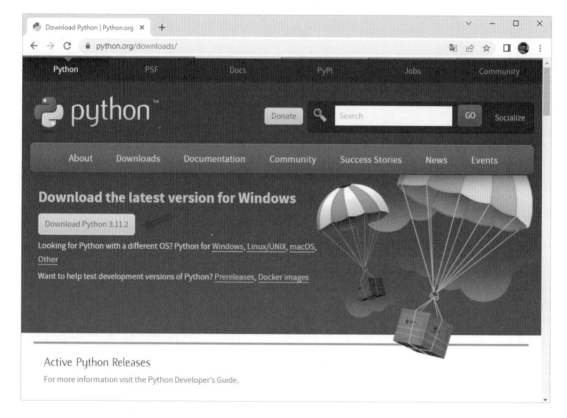

2 選擇 Windows 操作系統和你需要的版本。

3 點擊「下載」按鈕,下載安裝程式。

4 執行安裝程式,按照提示進行操作。

5 選擇您需要安裝的 Python 元件。通常情況下,可以保留預設設置。

6 設置環境變數,以便在終端機中輸入「Python」命令時可以正確執行 Python。

Add Python.exe to PATH 記得打勾。

7 完成安裝後，打開命令提示符（Windows）並輸入「Python」命令，以確保 Python 已成功安裝並正確運行。

1-2 設置環境變數

（上面步驟 6 未勾選時的補救，步驟 6 有勾選不用處理。）

在安裝 Python 後，需要設置環境變數，以便在命令提示符號或終端中輸入「Python」命令時可以正確執行 Python。

以下是在 Windows 中設置環境變數的步驟：

1 按下 Win+R 鍵，打開「執行」對話框。

2 在「執行」對話框中輸入「sysdm.cpl」並按下 Enter 鍵，打開「系統內容」對話框。

3 在「系統內容」對話框中，點擊「進階」選項，然後點擊「環境變數」按鈕。

4 在「環境變數」對話框中，找到「系統變數」部分，並尋找名稱為「Path」的變數。選擇「編輯」按鈕。

5 在「編輯環境變數」對話框中，將 Python 的安裝路徑添加到「變數值」字段中。例如，「C:\Python39」（注意，路徑可能會因您安裝的 Python 版本而異）。多個路徑之間應使用分號分隔。

6 點擊「確定」按鈕儲存更改。

7 打開命令提示符號，輸入「Python」命令，確保 Python 已成功安裝並正確運行。

1-3　常用 online 版 Python 的鏈結

每一部可連網電腦，用 online 版 Python 可直接使用，無任何設定安裝動作。

以下是常用的 Python 線上 IDE/編輯器的連結：

1.　Repl.it: https://repl.it/languages/Python3

2.　OnlineGDB:https://www.onlinegdb.com/online_Python_compiler

3.　Jupyter Notebook: https://jupyter.org/try

註	❶ 筆者較喜歡用 OnlineGDB。
	❷ 若使用 Python online 工具，有中文無法使用情形，可改用 https://www.programiz.com/Python-programming/online-compiler

這些線上編輯器都是免費的，而且讓您在不必安裝 Python 的情況下立即開始編寫和運行 Python 代碼。它們提供了方便的平台，可以讓您與他人共享和協作 Python 代碼。

1-4 第一個程式

Google 一下「Python Online」第一次就挑 OnlineGDB 吧！

進入如下畫面後，輸入

```
print("歡迎使用 Python！")
```

再按下 Run 按鈕

```
#程式執行結果「歡迎使用 Python！」
```

成功，恭喜您！不成功，就檢查一下，再試試！

從第一個程式開始，要養成好習慣：

1. 字打對。

2. 空格對。

3. 縮排對。

> 註　還有錯誤就看看本書最後面的附錄吧！
>
> ● 10 個常見 Python 執行階段錯誤訊息與原因。
>
> 再不行，問問同學，請教一下老師，很快就入門了，加油！

1-5　常用 Python IDE

以下是常用的 Python IDE：

1. PyCharm：PyCharm 是一款由 JetBrains 開發的 IDE，特別針對 Python 開發者。它具有豐富的功能，包括代碼編輯器、除錯工具、版本控制、內置單元測試工具和整合式的開發環境等。

2.　Jupyter Notebook：Jupyter Notebook 是一種交互式開發環境，用於數據分析、科學計算和機器學習等。它以網頁應用程式的形式呈現，可以在瀏覽器中運行。

3.　Visual Studio Code：Visual Studio Code 是一款由 Microsoft 開發的跨平臺的代碼編輯器，支持多種語言，包括 Python。

4.　Spyder 是一個使用 Python 語言的開放原始碼，跨平台科學運算整合開發環境 (IDE)。Spyder 整合了 NumPy，SciPy，Matplotlib 與 IPython，以及其他開源軟體。

> **註**　初學者 Spyder 是一個好選擇。
>
> 建議安裝 Anaconda 平台，使用內含的 Spyder 做後續學習。

Anaconda 是目前最受歡迎的 Python 平台，除了有眾多使用者外，適用於 Windows、Linux 和 MacOS 不同作業系統，對於在安裝、執行及升級複雜的環境上變得簡單快速。

1 https://www.anaconda.com 可直接下載。

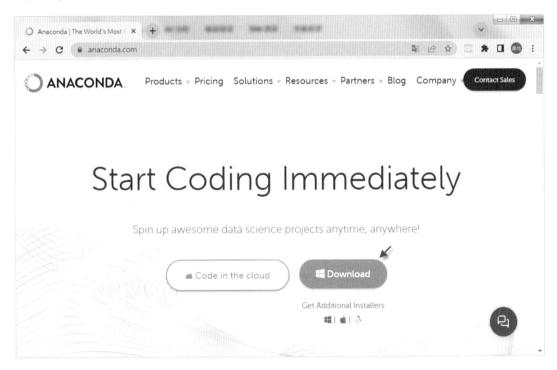

❷ 安裝完 Anaconda 後，在所有程式的 Anaconda 子選單下，可以找到 Spyder，如下圖：

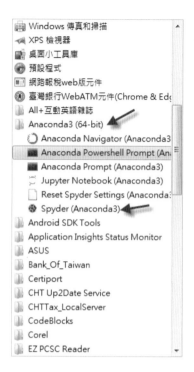

❸ 對初學者使用上，簡單、好用，夠用了。熟手還是很多人使用，相關比賽、考試考場也常見 Spyder 為內定提供工具。

❹ 打完測試程式碼，按[F5]執行，就可以了！

❺ 中文介面請按 [Tools] → [Preferences] → [Application] → [Advanced setting] → [Language] 設定，如圖。

Spyder 中常用的快捷鍵

編輯程式常用的快捷鍵如下：

快捷鍵	說明
Ctrl + S	存檔（隨手存檔好習慣）
Ctrl + C	複製
Ctrl + V	貼上
Ctrl + F	尋找
Ctrl + Z	還原
Ctrl + Y	取消還原
Ctrl + 1	單行註解／取消
Ctrl + 4	多行註解／取消（超好用要記起來）
Ctrl + D	刪除列、多列
Ctrl + Alt + 往上往下箭頭	複製整列、多列
Alt + 往上往下箭頭	移動整列、多列

補充說明

❶ 註解用來幫助開發者記錄程式碼功能、目的等資訊。

❷ 執行程式碼時，Python 解譯器會忽略註解的內容，因此註解不會影響程式的執行結果。

❸ Python 中有兩種註解方式，分別是單行註解和多行註解。

　　a.　單行註解是以井字號（#）開頭，並且在該行的任何位置都可以添加。例如：

```
# 這是單列註解例子
print("Hello, World!")   # 這是註解在單列後面例子
```

　　b.　多行註解是用三個引號（'''）或三個雙引號（"""）包起來的文字，用來記錄較長的資訊，例如

```
'''
這是多行註解例子
'''
print('Hello')
```

　　　　也可以使用

```
"""
這是另一種註解方式
"""
print('Hello')
```

❹ 程式碼中單引號及雙引號都使用半形。

1-6　練習題

1.　什麼是 Python 線上編輯器？

2.　什麼是 Python IDE？

3.　Python 線上編輯器和 IDE 工具有什麼區別？

4.　如何在 Python 編輯器中執行代碼？

5.　Python 線上編輯器和 IDE 工具需要付費嗎？

2

CHAPTER

資料的基本概念

- 變數
- python 變數命名規則
- 常用的變數命名例
- Python 的主要資料型態
- 數字
- 字串
- 布林數
- 運算子
- 型別轉換
- "=" 賦值運算符
- 物件參考賦值
- 跳脫字元

Python 是一種動態語言，不需要在變數宣告時指定資料型態。根據所儲存的內容，Python 會自動推斷資料型態。

2-1 變數

可以變動的數叫做變數。

```
A = 10
…
A = 20

B = 'Hello'
…
B = 'Welcome'
```

上面變數 A 一開始等於 10，後來變成 20，變數 B 一開始等於'Hello'，後來變成'Welcome'，可以隨著程式執行而依程式要求做變動，稱為變數。

2-2 Python 變數命名規則

在 Python 中，變數名稱必須遵守以下幾個規則：

1. 只能包含字母、數字和底線（_），不能使用其他符號。

2. 第一個字母必須是字母或底線，不能以數字開頭。

3. 不允許使用 Python 保留字（如 if、else、for 等）作為變數名稱。

Python 的命名風格還有一些慣例，主要有以下兩種：

1. Camel Case：單字的首字母大寫，如：firstName、lastName。

2. Snake Case：單字之間用底線分隔，全部小寫，如：first_name、last_name。

Python 的官方建議是，變數名稱應使用小寫字母和底線的組合，並盡量做到具有描述性。例如，如果你要建立表示某個人的變數，可以使用類似以下的變數名稱：

```
first_name = "Jack "
last_name = "Wu"
age = 30
```

變數名稱都是小寫字母和底線的組合，並且具有描述性，易於理解和閱讀。

2-3 常用的變數命名例

輸入變數（Input Parameter）：通常以描述該變數的名詞為主，例如：

- name：姓名
- age：年齡
- height：身高
- weight：體重
- score：分數

輸出變數（Output Parameter）：通常以動詞開頭，描述該變數的操作結果，例如：

- result：結果
- success：成功與否
- message：訊息
- error：錯誤訊息
- count：計數
- sum：合計

選項變數（Option Parameter）：通常以描述該變數的形容詞或副詞為主，例如：

- isDebug：是否啟用除錯模式
- isNullable：是否可為 null
- isEnabled：是否啟用該選項

- isReadOnly：是否唯讀

- isRequired：是否必要

狀態變數（State Parameter）：通常以描述該變數的名詞為主，例如：

- currentState：目前狀態

- previousState：先前狀態

- nextState：下一個狀態

- initialStatus：初始狀態

- finalStatus：最終狀態

實際使用時應該適當命名，並注意命名風格的一致性和可讀性。

2-4 Python 的主要資料型態

1. 數字（Numbers）：整數（int）、浮點數（float）、複數（complex）

2. 字串（Strings）：由一系列字元組成的序列，用單引號（"）或雙引號（""）包裹。

3. 串列（Lists）：有序且可變的集合，用中括號 [] 包裹，項目之間用逗號分隔。

4. 元組（Tuples）：有序但不可變的集合，用小括號 () 包裹，項目之間用逗號分隔。

5. 集合（Sets）：無序且不重複的集合，用大括號 {} 或 set() 函數建立。

6. 字典（Dictionaries）：由鍵值對組成的無序集合，用大括號 {} 或 dict() 函數建立，鍵和值之間用冒號：分隔，鍵值對之間用逗號分隔。

除了這些基本的資料型態之外，Python 還有一些其他的內置型別，例如布林值（bool）、空值（NoneType）等等。此外，Python 還允許開發者使用自己的類別定義新的資料型態。

2-5 數字

整數 (int)

```
x = 10
```

在這個例子中,我們將數值 10 儲存在變數 x 中,x 的資料型態為整數。

浮點數 (float)

```
y = 3.14
```

在這個例子中,我們將數值 3.14 儲存在變數 y 中,y 的資料型態為浮點數。

2-6 字串

1. "Hello, world!"。

2. "Python is a high-level programming language."。

3. "2023 最精采的一年"。

2-7 布林數

True(真),False(假)

```
isLeap = True
isPass = False
```

例子中,isLead 及 isPass 為布林數,只有二種情況 True(真)或 False(假)。

2-8 運算子

Python 運算子可分為以下幾種類型：

類型	運算子說明	
算術運算子	+：加法運算	//：整數除法運算
	-：減法運算	%：取餘數運算
	*：乘法運算	**：次方運算
	/：浮點數除法運算	
比較運算子	==：等於	<：小於
	!=：不等於	>=：大於等於
	>：大於	<=：小於等於
邏輯運算子	and：邏輯且	not：邏輯非
	or：邏輯或	
位元運算子	&：位元且	~：位元取反
	|：位元或	<<：左位移
	^：位元互斥或	>>：右位移
指定運算子	=：簡單指定	-=：減法指定
	+=：加法指定	*=：乘法指定
指定運算子	/=：浮點數除法指定	|=：位元或指定
	//=：整數除法指定	^=：位元互斥或指定
	%=：取餘數指定	<<=：左位移指定
	**=：次方指定	>>=：右位移指定
	&=：位元且指定	
成員運算子	in：測試是否為成員	not in：測試是否不為成員
身份運算子	is：測試是否相同物件	is not：測試是否不同物件

字串運算子

運算子	描述	範例	結果
`+`	串接兩個字串	`"Hello" + " " + "World"`	`"Hello World"`
`*`	將一個字串重複指定次數	`"Hello" * 3`	`"HelloHelloHello"`
`in`	判斷一個字串是否包含在另一個字串	`"lo" in "Hello"`	`TRUE`
`not in`	判斷一個字串是否不包含在另一個字串	`"lo" not in "Hello"`	`FALSE`
`[]`	透過索引訪問字串中的單個字符	`"Hello"[0]`、`"Hello"[2]`	`"H"`、`"l"`
`[:]`	選取整個字串	`"Hello World"[:]`	`"Hello World"`
`[n:]`	從第 n 個字符到結尾的所有字符	`"Hello World"[6:]`	`"World"`
`[:n]`	從開始到第 n 個字符之前的所有字符	`"Hello World"[:5]`	`"Hello"`
`[m:n]`	從第 m 個字符到第 n 個字符之前的所有字符	`"Hello World"[6:11]`	`"World"`
`[::]`	選取整個字串，增量為 1	`"Hello World"[::]`	`"Hello World"`
`[::n]`	選取整個字串，增量為 n	`"Hello World"[::2]`	`"HloWrd"`
`[m:n:p]`	從第 m 個字符到第 n 個字符之前的所有字符，增量為 p	`"Hello World"[::2]`	`"HloWrd"`
`len()`	返回字串的長度	`len("Hello World")`	`11`
`str()`	將其他資料類型轉換為字串	`str(123)`	`"123"`
`ord()`	返回字符的 ASCII 碼值	`ord("H")`	`72`
`chr()`	返回 ASCII 碼值對應的字符	`chr(72)`	`"H"`

> **註** Python 沒有內建的 XOR 運算子，但可以透過 ^ 運算子來實現 XOR 運算，即 a ^ b 表示當 a 和 b 有一個為 True 時返回 True，否則返回 False。

運算子的優先順序

Python 運算子的優先順序（由高到低）：

1. 括號：()

2. 指數運算符：**

3. 一元運算符：+、-、~

4. 乘除運算符：*、/、%

5. 加減運算符：+、-

6. 比較運算符：==、!=、>、>=、<、<=、is、is not、in、not in

7. 邏輯運算符：not、and、or

在實際運用時，可以使用括號來改變運算子的優先順序。

2-9 型別轉換

Python 中的型別轉換，指的是將一種資料類型轉換為另一種資料類型的過程。在 Python 中，有幾種不同的型別轉換方法，包括強制型別轉換和隱式型別轉換。

以下是 5 個常見的型別轉換的例子：

範例 將整數轉換為浮點數

```
x = 5
y = float(x)
print(y)  # 5.0
```

範例 將浮點數轉換為整數

```
x = 3.14
y = int(x)
print(y)  # 3
```

範例 將字串轉換為整數

```
x = "123"
y = int(x)
print(y)  # 123
```

範例 將字串轉換為浮點數

```
x = "3.14"
y = float(x)
print(y)  # 3.14
```

範例 將布林值轉換為整數

```
x = True
y = int(x)
print(y)  # 1
```

要注意的是，如果嘗試將一個無法轉換為另一種類型的值進行轉換，就會出現錯誤。因此，進行型別轉換之前，應先確定它是可轉換的。

2-10 "=" 賦值運算符

在 Python 中，"=" 是一個賦值運算符，它用於將值賦給變數或用口語稱為「指定給」。當我們將一個值賦給變數時，我們使用 "=" 將變數名和值連接起來。

Python 中的 "=" 操作符不僅僅是將值從一個變數複製到另一個變數，它還有一些特別的行為和規則。

範例 簡單的賦值運算

當我們執行簡單的賦值運算時，Python 將該變數的值設定為所提供的值。例如：

```
x = 5
```

會將值 5 指定給變數 x。

◤ **範例** 多重賦值運算

Python 還支持多重賦值運算。這種賦值運算可同時將多個變數設定為同一個值。

```
x = y = z = 10
```

會將變數 x、y、z 都設為 10。

◤ **範例** 增量賦值運算

Python 中還有一些增量賦值運算符，可以使變數值增加或減少一定量。

```
x = 5
x += 2
```

會將 x 的值增加 2，等同於 x = x + 2。

◤ **範例** 多賦值運算

Python 還支持使用序列將多個變數賦值。

```
x, y, z = 1, 2, 3
```

會將變數 x、y、z 分別設為 1、2、3。

2-11 物件參考賦值

Python 中的變數實際上是對物件的參考，而不是對物件本身的直接引用。當我們使用 "=" 運算符將一個變數賦值給另一個變數時，實際上是將對原始物件的參考複製到新變數中。

```
x = [1, 2, 3]
y = x
```

這條語句會將串列 [1, 2, 3] 的引用賦給變數 x，然後將 x 的引用複製到變數 y 中。這意味著當我們更改串列時，x 和 y 都會同時改變。

2-12 跳脫字元

跳脫字元用來在字串中表示特殊字符。

以下是常見的跳脫字元以及它們的用途：

跳脫字元	用途
\n	換行符號
\t	水平定位符號 (Tab)
\	顯示反斜線符號
\'	顯示單引號符號
\"	顯示雙引號符號

1. 換行符號 (\n) 可以用來在字串中換行，水平定位符號 (\t) 可以用來在字串中產生水平定位的效果。

2. 反斜線符號 (\) 用來表示後面的字元不應該被解釋為特殊字符，如要在字串中顯示反斜線符號本身，就需要用兩個反斜線符號 (\\) 來表示。

3. 如果要在字串中顯示一個包含雙引號符號的句子，就需要用跳脫字元 \" 來表示雙引號符號。

2-13 練習題

1. 什麼是變數？在 Python 中如何定義一個變數？

2. 在 Python 中，有哪些基本的資料型別？

3. 在 Python 中，如何將一個字串轉換為整數或浮點數？

4. 在 Python 中，如何使用 and 和 or 運算子來進行邏輯運算？

5. 在 Python 中，如何使用 not 運算子來進行邏輯非運算？

3

CHAPTER

讓程式具有判斷力

- IF 指令
- 多選一 elif
- 巢狀 IF

讓程式具有判斷力是指讓程式能夠根據特定條件來做出不同的處理。在 Python 中,可以透過條件判斷結構來實現程式的判斷力,決定要做什麼事。

3-1 IF 指令

if 指令可以讓程式根據特定條件的真假情況,執行不同的程式塊。

if 指令的基本語法如下:

```
if 條件成立:
    程式碼 1
    程式碼 2
    ...
```

如果條件為 True,則執行縮排區塊中的所有程式碼。

如果條件為 False,則跳過該縮排區塊,繼續執行下程式碼。

縮排區塊中的程式碼可以是任何 Python 程式碼,包括其他 if 指令、for 迴圈、函式呼叫等等。

縮排區塊,每一層要空 4 格。

範例　判斷輸入的數字是否為偶數

```
number = input("請輸入數字:")
number = int(number)

if number % 2 == 0:
    print(number, "是偶數")
else:
    print(number, "是奇數")
```

input() 指令是用來讀取使用者輸入的資料,並將其當作字串型態(String)傳回。當程式執行到 input() 這行指令時,程式會暫停,等待使用者輸入資料,直到使用者輸入完畢按下 Enter 鍵後,才會繼續執行下一行程式碼。

根據輸入的數字是否為偶數,輸出不同的提示。如果輸入的數字能夠被 2 整除,則輸出「是偶數」,否則輸出「是奇數」。

判斷條件	if 指令

判斷一個數字是否為正數	`num = 10`
	`if num > 0: print("正數")`
	`else: print("不是正數")`

判斷一個字串是否為空	`str = ""` `if len(str) == 0: print("字串為空")`
判斷一個字串是否包含特定字元	`str = "hello"` `if "l" in str: print("字串包含 l")`
判斷一個串列是否包含特定元素	`list = [1, 2, 3, 4, 5]` `if 3 in list: print("串列包含 3")`

判斷一個數字是否在一個範圍內	`num = 5`
	`if num in range(1, 10):`
	`print("數字在範圍內")`

配合邏輯運算子使用

以下是一些配合邏輯運算子的使用例子。

```
a = True
b = False
```

範例 使用 and 運算子判斷兩個條件是否都成立

```
if a and b:
    print("a 和 b 都為 True")
else:
    print("a 和 b 至少有一個不為 True")
```

範例 使用 or 運算子判斷兩個條件是否有一個成立

```
if a or b:
    print("a 或 b 至少有一個為 True")
else:
    print("a 和 b 都不為 True")
```

範例 使用 XOR 運算子判斷兩個條件是否有一個為 True，但不能都為 True

```
if a ^ b:
    print("a 和 b 只有一個為 True")
else:
    print("a 和 b 都為 True 或都為 False")
```

3-2 多選一 elif

elif 是 Python 中的關鍵字，用於在條件語句中添加額外的條件。

下面例子，使用 if、elif 和 else 關鍵字來建立多重條件語句。

```
x = 10
if x < 5:
  print("x is less than 5")
elif x < 10:
  print("x is between 5 and 9")
elif x < 15:
  print("x is between 10 and 14")
else:
  print("x is greater than or equal to 15")
```

宣告了一個變數 x 並將其賦值為 10。

建了一個條件語句，使用 if、elif 和 else 來判斷 x 的值。

1. 如果 x 小於 5，那麼第一個條件 if x < 5 將會成立，輸出 x is less than 5。

2. 如果 x 不小於 5，但小於 10，則第一個條件不成立，但第二個條件 elif x < 10 將成立，輸出 x is between 5 and 9。

3. 如果 x 不小於 5 且不小於 10，但小於 15，則第二個條件不成立，但第三個條件 elif x < 15 將成立，輸出 x is between 10 and 14。

4. 如果 x 不小於 5 且不小於 10 且不小於 15，則前三個條件都不成立，最後的 else 分支將被執行，輸出 x is greater than or equal to 15。

if 指令還可以與 else 和 elif 語句結合使用，進一步擴展其功能。else 語句在 if 條件不滿足時執行，elif 語句則在多個條件需要進行判斷時使用，例如：

```
if 條件 1 成立:
    程式碼 1
elif 條件 2 成立:
    程式碼 2
else:
    程式碼 3
```

注意，elif 語句可以有多個，可以進行任意次數的條件判斷。

範例 根據溫度顯示天氣

```
tem = 25
if tem >= 30:
    print("今天天氣很熱")
elif tem >= 20:
    print("今天天氣很舒適")
else:
    print("今天天氣有點涼")
```

在這個例子中，根據溫度的不同，輸出不同的天氣提示。如果溫度大於等於 30 度，則輸出「今天天氣很熱」，如果溫度大於等於 20 度，則輸出「今天天氣很舒適」，否則輸出「今天天氣有點涼」。

範例 根據使用者輸入的年份判斷是否為閏年

```
year = input("請輸入年份：")
year = int(year)

if year % 400 == 0:
    print(year, "是閏年")
elif year % 100 == 0:
    print(year, "不是閏年")
elif year % 4 == 0:
    print(year, "是閏年")
else:
    print(year, "不是閏年")
```

如果輸入的年份能夠被 400 整除，則輸出「是閏年」，如果不能被 400 整除但能夠被 100 整除，則輸出「不是閏年」，如果不能被 400 整除、也不能被 100 整除但能夠被 4 整除，則輸出「是閏年」，否則輸出「不是閏年」。

3-3 巢狀 IF

巢狀 if 指的是 if 條件語句包含另一個 if 條件語句。

```
x = 10
y = 5
z = 3

if x > y:
    print("x 大於 y")
    if x > z:
        print("x 也大於 z")
    else:
        print("x 不大於 z")
else:
    print("x 不大於 y")
```

我們先對 x 和 y 進行比較，如果 x 大於 y，則會進入第 if 語句的主體。在這個主體中，我們又對 x 和 z 進行比較，如果 x 大於 z，則會顯示 "x 也大於 z"，否則顯示 "x 不大於 z"。

如果 x 不大於 y，則會執行 else 語句，顯示 "x 不大於 y"。

使用巢狀 if 語句可以幫助我們更有效地處理這種情況。

3-4 練習題

1. if 指令中的程式碼塊要使用什麼縮排方式？

2. if 指令可以與哪些資料型態一起使用？

3. if 指令的條件式可以包含多個比較運算符嗎？

4. 請寫出一個判斷一個數字是否為正數的 if 指令。

5. 請寫出一個判斷一個字串是否為空的 if 指令。

6. 請寫出一個判斷一個字串是否包含特定字元的 if 指令。

7. 請寫出一個判斷一個串列是否包含特定元素的 if 指令。

8. 請寫出一個判斷一個數字是否在一個範圍內的 if 指令。

4

CHAPTER

為程式加入反覆執行功能

- for 迴圈
- for i in range
- while 迴圈
- do-while 迴圈
- 巢狀迴路
- 單迴路多變數的應用
- 終止迴圈的執行
- 跳過本次迴圈剩下的程式碼

程式語言中的迴路（loop）是一種重複執行程式區塊的功能，讓我們在寫程式時更有效率地處理重複工作。

迭代（iteration）是重複回饋過程的活動，其目的通常是為了接近並且到達所需的目標或結果。每一次對過程的重複被稱為一次「迭代」，而每一次迭代得到的結果會被用來作為下一次迭代的初始值。

很多書把迴路中，重複執行程式區塊動作，稱為迭代。

4-1　for 迴圈

for 迴圈用於重複序列（例如串列、元組或字串）或其他可重複對象中的元素。語法如下：

```
for 變數 in 序列:
    # 重複操作
```

其中 序列 是可重複對象，變數 是每次重複時將被賦值的變數。

▌範例▐　透過 for 迴圈列印出串列中的所有元素

```
fruits = ["apple", "banana", "cherry"]
for fruit in fruits:
    print(fruit)

for i in ['嘉義市','中埔鄉','太保市','水上鄉']:
    print('我是',i,'人')

for i in '春夏秋冬':
    print('我喜歡',i,'天')
```

▌範例▐　使用 for 迴圈計算串列中所有元素的總和

```
numbers = [1, 2, 3, 4, 5]
total = 0
for num in numbers:
    total += num
print("總和為：", total)
```

範例 透過 for 迴圈將串列中的元素轉換為字串

```
numbers = [1, 2, 3, 4, 5]
number_strs = []
for num in numbers:
    number_strs.append(str(num))
```

4-2 for i in range

for i in range() 是 Python 中用來追蹤數字序列的一個常見迴圈構造。 range() 函數可以生成一個整數序列，該序列通常用於循環一定次數的操作。基本語法如下：

```
for i in range(stop):
    # 循環內容
```

其中，stop 參數是必需的，指定了整數序列的停止值（但不包括停止值本身）。

範例 計數循環

這個範例展示了如何使用 for i in range() 指令來執行循環。

```
for i in range(5):
    print(i)
```

執行結果

```
0
1
2
3
4
```

範例 自行定義間隔

這個範例展示了如何使用 range() 函數的 start 和 step 參數來自行定義間隔。

```
for i in range(0, 10, 2):
    print(i)
```

執行結果

```
0
2
4
6
8
```

範例 反向循環

這個範例展示了如何使用 range() 函數的負間隔來反向循環。

```
for i in range(5, 0, -1):
    print(i)
```

執行結果

```
5
4
3
2
1
```

範例 嵌套循環

這個範例展示了如何使用嵌套 for i in range() 循環。

```
for i in range(3):
    for j in range(2):
        print(i, j)
```

執行結果

```
0 0
0 1
1 0
1 1
2 0
2 1
```

範例 | 串列追蹤

這個範例展示了如何使用 for i in range() 循環追蹤串列元素。

```python
fruits = ['apple', 'banana', 'cherry']
for i in range(len(fruits)):
    print(fruits[i])
```

執行結果

```
apple
banana
cherry
```

4-3 while 迴圈

while 迴圈用於在條件為真時執行一組程式碼。它的語法如下:

```python
while 條件:
    # 執行操作
```

其中「條件」是要檢查的條件,「# 執行操作」是要執行的程式碼區塊。

範例 | 使用 while 迴圈來計數並列印出數字

```python
count = 0
while count < 5:
    print(count)
    count += 1
```

程式碼使用 while 迴圈將變數 count 設置為 0,然後進入迴圈,直到 count 變數達到 5 為止。在每次重複中,它列印出 count 的值,然後將 count 的值加 1。

範例 | 透過 while 迴圈找到第包含特定字母的字串

```python
words = ["apple", "banana", "cherry", "date"]
letter = "a"
index = 0
found = False
```

```
while not found and index < len(words):
    if letter in words[index]:
        found = True
    else:
        index += 1
if found:
    print(words[index])
else:
    print("沒有找到包含字母 '" + letter + "' 的單字。")
```

程式碼使用 while 迴圈來追蹤 words 串列中的每個字串，直到找到包含 letter 變數中指定字母的字串。如果找到符合條件的字串，它會列印出該字串，否則會列印出訊息表示未找到符合條件的字串。

範例 | 使用 while 迴圈實現簡單的猜數字遊戲

```
import random
number = random.randint(1, 10)
guess = 0
while guess != number:
    guess = int(input("請猜介於 1 到 10 的整數:"))
    if guess < number:
        print("你猜的數字太小了，請再試一次。")
    elif guess > number:
        print("你猜的數字太大了，請再試一次。")
print("恭喜你，猜對了！")
```

程式碼使用 while 迴圈實現簡單的猜數字遊戲。它使用 random.randint() 函數生成 1 到 10 之間的隨機整數，然後提示使用者輸入數字，直到猜對為止。在每次重複中，它會檢查使用者猜測的數字是否與隨機數字相等，如果不相等，它會提示使用者繼續猜測。如果使用者猜對了，它會列印出訊息表示猜對了。

範例 | 列印出數字 0 到 4

```
i = 0
while i < 5:
    print(i)
    i += 1
```

範例 某人打算存滿 1000 萬後去環遊世界，請算出要存多少年多少月(第一版)？

```
money = 0
c = 0
while money <10000000:
    money = money + 35000
    c = c + 1
print(c, '個月，共存',money,'元')
```

範例 某人打算存滿 1000 萬後去環遊世界，請算出要存多少年多少月(第二版)？

```
# 再加入年終獎金二個月及每年調薪 3% 版

money = 0
wage = 28000
c = 0
while money <10000000:
    money = money + wage
    c = c + 1
    if c %12 == 0:
        super = wage * 2     # 年終 2 個月
        money = money + super
        wage = wage * (1+0.03)    # 調薪 3%
print(c//12,'年',c%12, '個月，共存',money,'錢')
```

範例 某人打算存滿 1000 萬後去環遊世界，請算出要存多少年多少月(第三版)？

```
# 再加入投資報酬率版本

money = 0
wage = 35000
rate = 0.10
c = 0
y = 25
while money <10000000:
    money = money + wage
    c = c + 1
    if c %6 == 0:
        money = money * (1+rate/2)    # 每半年結算投資
    if c %12 == 0:
```

```
        super = wage * 2
        money = money + super
        wage = wage * (1+0.10)
print(c//12,'年',c%12, '個月,共存',int(money),'錢')
print('月薪:', int(wage))
print(y+c//12,'歲')
```

4-4 do-while 迴圈

Python 中沒有 do-while 迴圈,但是可以使用 while 迴圈和 break 陳述式來實現類似的行為。

▌**範例** 以下程式碼將會提示使用者輸入密碼,直到輸入正確為止。

```
while True:
    password = input("請輸入密碼:")
    if password == "password123":
        print("登錄成功!")
        break
    else:
        print("密碼錯誤,請重試。")
```

範例中,while True 無限循環,直到 break 陳述式被執行為止。如果輸入的密碼正確,程式將執行 print("登錄成功!") 並退出迴圈。否則,它將執行 print("密碼錯誤,請重試。") 並繼續迴圈。

4-5 巢狀迴路

巢狀迴路指的是迴路中包含另一個迴路的情況。

▌**範例** 巢狀迴路例子

```
for i in range(3):
    for j in range(2):
        print("i 的值為 ", i, ",j 的值為 ", j)
```

在這個例子中，我們使用兩個迴路的 for 迴路來對 i 和 j 進行追蹤。外層迴路從 0 開始追蹤到 2，內層迴路從 0 開始追蹤到 1。因此，在這個例子中，會產生 6 個輸出，它們依次是：

- i 的值為 0，j 的值為 0
- i 的值為 0，j 的值為 1
- i 的值為 1，j 的值為 0
- i 的值為 1，j 的值為 1
- i 的值為 2，j 的值為 0
- i 的值為 2，j 的值為 1

在實際應用中，我們通常需要在多個層次上進行多層次迴路。使用巢狀迴路可以幫助我們更有效地處理這種情況。

巢狀迴路例子

範例 印出九九乘法表

```
for i in range(1, 10):
    for j in range(1, 10):
        print(f"{i} x {j} = {i*j}")
    print()  # 換行
```

這個程式會印出 1 到 9 的乘法表，每一行都有數字和 1 到 9 的乘積。

範例 計算矩陣乘法

```
# 3x3 矩陣 A
A = [[1, 2, 3],
     [4, 5, 6],
     [7, 8, 9]]

# 3x2 矩陣 B
B = [[1, 2],
     [3, 4],
     [5, 6]]

# 3x2 空矩陣 C
```

```
C = [[0, 0],
     [0, 0],
     [0, 0]]

# 計算 C = A x B
for i in range(len(A)):
    for j in range(len(B[0])):
        for k in range(len(B)):
            C[i][j] += A[i][k] * B[k][j]

# 印出 C
for row in C:
    print(row)
```

程式計算了兩個矩陣的乘積，使用了三個巢狀迴路。第一個迴路追蹤 A 的行，第二個迴路追蹤 B 的列，第三個迴路追蹤 A 的列或 B 的行，進行乘法和累加操作，最終得到矩陣 C。

4-6 單迴路多變數的應用

身分證字號檢查中的例子

檢查辦法：

(a)　字母 L1 由下列表中，找到其代號兩位，令其為 X1、X2。

X1 為十位數，X2 為個位數。

字母	A	B	C	D	E	F	G	H	J	K	L	M	N
代號	10	11	12	13	14	15	16	17	18	19	20	21	22
字母	P	Q	R	S	T	U	V	X	Y	W	Z	I	O
代號	23	24	25	26	27	28	29	30	31	32	33	34	35

(b)　計算方法：

$$Y = X1 + 9 \times X2 + S \times D1 + 7 \times D2 + 6 \times D3 + 5 \times D4 + 4 \times D5 + 3 \times D6 + 2 \times D7 + D8 + D9$$

如果 Y 能被 10 除，表示此身分號碼正確。

```
fn = 'ABCDEFGHJKLMNPQRSTUVXYWZIO'.find(L1)+10
…
k = 8
for j in range(1,8):
    y = y + k*d[j]
    k = k - 1
y = y + d[8]+d[9]
    …
```

程式說明：

程式迴路中 j 由 1 至 7 漸增，但 k 由 8 每次遞減 1，以迴路中指令 y = y + k*d[j] 達成 8*d[1]+7*d[2]+….+2*d[7] 的要求，完整程式見第十章身分證字號檢查例子。

4-7 終止迴圈的執行

break 指令用於終止迴圈的執行，即使迴圈還沒有執行完畢。當程式碼執行到 break 指令時，迴圈會立即停止並跳出迴圈。這在需要提前終止迴圈的情況下非常有用。

以下是 3 個例子：

範例 使用 break 指令停止 while 迴圈

```
i = 1
while i < 6:
    print(i)
    if i == 3:
        break
    i += 1
```

在這個例子中，當 i 的值等於 3 時，break 指令會立即停止 while 迴圈的執行。在這個例子中，break 指令的使用會使得只有 1, 2, 3 這三個數字被印出，因為當 i 等於 3 時迴圈停止。

範例 使用 break 指令停止 for 迴圈

```
fruits = ["apple", "banana", "cherry"]
for x in fruits:
    print(x)
```

```
    if x == "banana":
        break
```

在這個例子中,當迴圈執行到 "banana" 這個元素時,break 指令會停止 for 迴圈的執行。在這個例子中,break 指令的使用會使得只有 "apple" 和 "banana" 這兩個水果被印出,因為當迴圈執行到 "banana" 時迴圈停止。

範例 使用 break 指令終止無限迴圈

```
while True:
    print("Hello, World!")
    if i == 5:
        break
```

在這個例子中,while True 指令建立了一個無限迴圈,break 指令的使用可以使得迴圈在 i 等於 5 時停止執行。在這個例子中,break 指令的使用會使得 "Hello, World!" 被印出 5 次。

4-8 跳過本次迴圈剩下的程式碼

continue 是 Python 中的一個關鍵字,它用於控制迴圈的執行流程。當 continue 被執行時,該迴圈會立即跳到下一次迴路的開始,而當前迴路的所有程式碼都將被跳過。

以下是 continue 指令的例子:

範例 跳過奇數

```
for i in range(1, 11):
    if i % 2 == 1:
        continue
    print(i)
```

這個程式會印出從 1 到 10 的所有偶數。當 i 為奇數時,continue 會跳到下一次迴路的開始,而不會執行 print(i) 的程式碼。

範例 跳過包含某個字元的字串

```python
words = ['apple', 'banana', 'cherry', 'orange']
for word in words:
    if 'a' in word:
        continue
    print(word)
```

這個程式會印出 words 串列中不包含字元 a 的字串。當 word 包含字元 a 時，continue 會跳到下一次迴路的開始。

範例 跳過多層迴圈的某次迴圈剩下的程式碼

```python
for i in range(1, 4):
    for j in range(1, 4):
        if i == j:
            continue
        print(i, j)
```

這個程式會印出所有 i 和 j 不相等的組合。當 i 等於 j 時，continue 會跳到 j 的下一次迴路的開始，而不會執行 print(i, j) 的程式碼。

補充：區塊縮排所造成差異

題目：說明這二個例子，因為縮排所產生的差異。

範例 1

```python
for i in range(3):
    print(i)
    print(i * i)
```

範例 2

```python
for i in range(3):
    print(i)
print(i * i)
```

範例 1 中，第二、三行都有四個空格的縮排，代表它們是同一個區塊。在迴圈的每個循環中，先印出變數 i，然後印出 i 的平方。因此，這個程式會印出：

```
0
0
1
1
2
4
```

範例 2 中，第三行沒有縮排，代表它不在迴圈區塊中。在迴圈的每個循環中，先印出變數 i，然後程式執行到 print(i * i) 時，變數 i 的值已經等於 2。因此，這個程式會印出：

```
0
1
2
4
```

注意，第三行的 i*i 並不是在迴圈中執行的，而是在迴圈外面執行的。這個例子顯示了，使用不正確的縮排會導致程式碼的邏輯錯誤，並產生與預期不同的結果。

4-9 練習題

1. 請寫一個 Python for 迴圈，印出 1 到 10 的數字。

2. 請寫一個 Python for 迴圈，印出 2 的 1 到 5 次方。

3. 請寫一個 Python while 迴圈，印出 1 到 10 的數字。

4. 請寫一個 Python while 迴圈，印出 2 的 1 到 5 次方。

5. 請寫一個 Python for 迴圈，計算 1 到 10 的總和。

6. 請寫一個 Python while 迴圈，計算 1 到 10 的總和。

7. 請寫一個 Python for 迴圈，印出 1 到 10 中的奇數。

8. 請寫一個 Python while 迴圈，印出 1 到 10 中的偶數。

9. 輸出九九乘法表。

10. 輸出倒立的等腰三角形。

5

CHAPTER

輸出的技巧

- 簡單輸出
- 空白去除法
- f-string 輸出
- 不用 f-string 輸出

在 Python 中，您可以使用 print() 函數輸出資料、變數和表示式。

5-1 簡單輸出

範例 輸出簡單的文字

```python
print("Hello, World!")
```

執行結果

```
Hello, World!
```

範例 輸出變數的值

```python
name = "Mary"
age = 25
print("我的名字是", name, "，我今年", age, "歲。")
```

執行結果

```
我的名字是 Mary，我今年 25 歲。
```

在上面範例中，print() 函數的每個變數都將被印出，並且預設情況下用空格分隔。還可以透過將 sep 變數設置為字串來更改分隔符號。例如，如果想使用星號分隔輸出：

```python
name = "Mary"
age = 25
print("我的名字是", name, "我今年", age, "歲。", sep="*")
```

執行結果

```
我的名字是*Mary*我今年*25*歲。
```

可以在 print() 函數中使用表示式來輸出結果。例如：

```python
x = 10
y = 5
print("數字", x, "和", y, "的和是", x + y)
```

執行結果

數字 10 和 5 的和是 15

在上面範例中，表示式 x + y 的結果將被計算並與其他變數一起輸出。

5-2 空白去除法

前面例子輸出結果：

我的名字是 Mary，我今年 25 歲。

如何去除 25 前後空白而成為

我的名字是 Mary，我今年 25 歲。

```
name = "Mary"
age = 25
print("我的名字是" + name + "，我今年" + str(age) + "歲。")
```

把「,」改用「+」，但 age 要用 str(age) 轉成字串。

5-3 f-string 輸出

f-string 是 Python 3.6 之後版本支援的字符串格式化方式，可以更方便地將變數值嵌入到字符串中，也可以減少拼接字串的錯誤。

使用 f-string 的方法很簡單，只需要在字串前加上字母 f，然後在括號 {} 中放入想要插入的變數即可。例如：

▎**範例** │ 將變數嵌入到字符串中。

```
name = "John"
age = 30
print(f"My name is {name} and I am {age} years old.")
# Output: "My name is John and I am 30 years old."
```

範例 對齊輸出，靠左對齊。

```python
name = "John"
age = 30
print(f"My name is {name:<10} and I am {age} years old.")
# Output: "My name is John       and I am 30 years old."
```

範例 對齊輸出，靠右對齊。

```python
name = "John"
age = 30
print(f"My name is {name:>10} and I am {age} years old.")
# Output: "My name is       John and I am 30 years old."
```

範例 對齊輸出，中間對齊。

```python
name = "John"
age = 30
print(f"My name is {name:^10} and I am {age} years old.")
# Output: "My name is   John    and I am 30 years old."
```

範例 控制小數點位數，保留兩位小數。

```python
x = 3.14159
print(f"Pi is approximately {x:.2f}")
# Output: "Pi is approximately 3.14"
```

範例 控制小數點位數，保留零位小數。

```python
x = 3.14159
print(f"Pi is approximately {x:.0f}")
# Output: "Pi is approximately 3"
```

範例 控制小數點位數，不足位數補零。

```python
x = 3.14159
print(f"Pi is approximately {x:06.2f}")
# Output: "Pi is approximately 003.14"
```

範例 使用字典傳遞變數值，靠左對齊。

```python
person = {"name": "John", "age": 30}
print(f"My name is {person['name']:<10} and I am {person['age']} years old.")
# Output: "My name is John       and I am 30 years old."
```

▼ **範例** 使用三元運算子控制輸出內容。

```
x = 10
print(f"The value of x is {'even' if x % 2 == 0 else 'odd'}.")
# Output: "The value of x is even."
```

▼ **範例** 使用逗號千位分隔符號,靠右對齊。

```
x = 1234567
print(f"The value of x is {x:>10,}.")
# Output: "The value of x is 1,234,567."
```

▼ **範例** 使用逗號千位分隔符號,中間對齊。

```
x = 1234567
print(f"The value of x is {x:^10,}.")
# Output: "The value of x is 1,234,567."
```

▼ **範例** 將整數轉換為二進位表示,靠右對齊。

```
x = 10
print(f"The binary representation of x is {x:>08b}.")
# Output: "The binary representation of x is 00001010."
```

▼ **範例** 將浮點數轉換為百分比表示,保留兩位小數,靠左對齊。

```
x = 0.75
print(f"The value of x as a percentage is {x*100:<8.2f}%.")
# Output: "The value of x as a percentage is 75.00 %."
```

5-4 不用 f-string 輸出

在 Python 中,您可以使用字串格式化操作符 % 或字串的 format() 方法來格式化字串,而不必使用 f-strings。

範例 使用 % 操作符

```
name = "Mary"
age = 25
print("我的名字是 %s，我今年 %d 歲。" % (name, age))
```

執行結果

我的名字是 Mary，我今年 25 歲。

範例 使用 format() 方法

```
name = "Mary"
age = 25
print("我的名字是 {}，我今年 {} 歲。".format(name, age))
```

執行結果

我的名字是 Mary，我今年 25 歲。

上例中，%s 和 {} 都是占位符，它們將在執行時被變數的值替換。

使用 % 操作符時，必須使用括號傳遞變數。

使用 format() 方法時，可以將變數作為變數傳遞給方法，也可以在占位符中使用索引來指定變數的順序。

5-5 練習題

1. 如何使用 f-string 輸出變數 x 的值？

2. 如何在 f-string 中進行簡單的計算？

3. 如何使用格式化字串輸出變數 x 的值？

4. 如何在格式化字串中進行簡單的計算？

6

CHAPTER

複雜資料結構的處理

- 串列（List）
- 元組 (Tuples)
- 集合 (Sets)
- 字典 (Dictionaries)
- 堆疊（Stack）
- 佇列（Queue）
- 堆（Heap）
- 字串（String）
- 樹（Tree）

當資料量變多，或結構變複雜，我們需要多一點技巧及方法來處理。

6-1 串列（Lists）

在 Python 中，List 是一種資料結構，它是有序的集合，允許儲存不同型態的元素，例如整數、浮點數、字串、元組等。List 是可變的物件，這意味著您可以添加、刪除和修改其中的元素。

● 顏色清單：colors = ['red', 'green', 'blue', 'yellow', 'purple']

● 交通工具清單：vehicles = ['car', 'bus', 'train', 'bike', 'boat']

範例 建立 List：可以使用中括號 [] 或 list()函數來建立 List。

```
a = [1, 2, 3]
```

範例 訪問 List 元素：可以使用索引來訪問 List 中的元素。

a[0]表示列出 List a 中的第一個元素。

範例 更新 List 元素：可以使用索引來更新 List 中的元素。

a[0] = 4 表示將 List a 中的第一個元素更新為 4。

範例 刪除 List 元素：可以使用 del 關鍵字刪除 List 中的元素。

del a[0]表示刪除 List a 中的第一個元素。

範例 添加 List 元素：可以使用 append()方法向 List 中添加元素。

a.append(4)表示向 List a 中添加值為 4 的元素。

範例 插入 List 元素：可以使用 insert()方法在 List 中插入元素。

a.insert(1, 5)表示在 List a 的第二個位置插入值為 5 的元素。

範例 切片 List：可以使用切片來選擇 List 中的一部分。

a[1:3]表示選擇 List a 中的第一個到第二個元素。

範例 追蹤 List：可以使用 for 循環來追蹤 List 中的所有元素。

```
for i in a:
    print(i)
```

list 物件方法（method）整理

方法	說明
list.append(x)	將新的項加到 list 的尾端
list.extend(iterable)	將另 list 接到 list 的尾端
list.insert(i, x)	將項目插入至 list 中給定的位置。第引數為插入處前元素的索引值
list.remove(x)	刪除 list 中第一個值等於 x 的元素。
list.pop([i])	移除 list 中給定位置的項目，並回傳它。
list.clear()	刪除 list 中所有項目。
list.index(x[, start[, end]])	回傳 list 中第一個等於 x 的項目之索引值（從零開始的索引）。若 list 中無此項目，則丟出 ValueError 錯誤。
list.count(x)	回傳 x 在 list 中所出現的次數。
list.sort(*, key=None, reverse=False)	將 list 中的項目排序。（可使用引數來進行客製化的排序）
list.reverse()	將 list 中的項目前後順序反過來。
list.copy()	回傳淺複製 (shallow copy) 的 list。

6-2 元組（Tuples）

Python 的 tuple（元組）是一種不可變的序列資料類型，類似於 list（串列），但元組在定義後就不能被修改。和 list 一樣，tuple 內的元素可以是不同的資料類型，如整數、浮點數、字串、布林值等等，它們可以使用索引來訪問。tuple 可以透過括號來建立，也可以省略括號。例如：

範例 包含不同種類水果的元組

```
fruits = ("apple", "banana", "orange")
```

> **範例** 包含不同數字的元組

```
numbers = (1, 2, 3, 4, 5)
```

> **範例** 包含不同類型資料的元組

```
data = ("Mary Lee", 30, True, ["apple", "banana"])
```

元組允許嵌套，即在一個元組內部可以再包含另一個元組。元組還支持一些常用的內建函數，如 len()、max()、min() 等。元組的不可變性使得它們更安全，更適合用於不需要修改內容的資料。由於元組的訪問速度比 list 更快，因此在不需要修改資料的情況下，元組也更加有效率。

6-3 集合（Sets）

Python 中的 set（集合）是一個無序且不重複的集合數據結構，用於存儲可哈希（hashable）對象的集合。可以將 set 看作是字典（dictionary）的鍵（key）的集合，但是 set 中不存儲值（value），只存儲鍵（key）。

set 具有以下特點：

1. 無序：集合中的元素沒有特定的順序，因此無法透過索引訪問集合中的元素。

2. 不重複：集合中不允許有重複的元素。

3. 可變：可以向集合中添加或刪除元素。

4. 可迴路追蹤：可以用迴路列出集合中的所有元素。

set 支持以下操作：

方法名稱	說明
add()	添加一個元素。
remove()	刪除一個元素，如果元素不存在則引發 KeyError 異常。
discard()	刪除一個元素，如果元素不存在則不會引發異常。
pop()	隨機刪除一個元素，如果集合為空則引發 KeyError 異常。
clear()	刪除所有元素。

方法名稱	說明
union()	返回兩個集合的聯集。
intersection()	返回兩個集合的交集。
difference()	返回兩個集合的差集。
symmetric_difference()	返回兩個集合的對稱差集。
issubset()	檢查一個集合是否是另一個集合的子集。
issuperset()	檢查一個集合是否是另一個集合的超集。

由於 set 是一個數據結構，因此可以使用 for 循環列出集合中的所有元素，也可以使用 in 關鍵字檢查集合中是否包含某個元素。

範例 建立空集合

```
empty_set = set()
print(empty_set)  # set()
```

範例 建立包含多個項目的集合

```
fruits = {"apple", "banana", "orange", "pear"}
print(fruits)  # {'apple', 'banana', 'orange', 'pear'}
```

範例 將串列轉換為集合

```
numbers = [1, 2, 3, 4, 5, 6, 7, 8, 9, 10]
number_set = set(numbers)
print(number_set)  # {1, 2, 3, 4, 5, 6, 7, 8, 9, 10}
```

集合是無序的，所以印出來的項目排列不一定與建立時相同。第三個範例則建立了數字串列，然後將其轉換為集合，這可以透過 set() 函數實現。

應用例子如下：

範例 次數統計

```
a = [1,2,3,5,6,8,9,1,5,9,1,1,5]
# print(a)
b = set(a)   # 使 b 內含元素，不重複
# print(b)
```

```
for i in b:
    print(i,':',a.count(i))
```

執行結果

```
# 1 : 4
# 2 : 1
# 3 : 1
# 5 : 3
# 6 : 1
# 8 : 1
# 9 : 2
```

a.count(i) 算出 a 串列中有幾個 i 參數所代表的元素。

範例 | **賈柏斯在史丹佛的演講講詞約 2200 個字,但用的單字量是多少?**

```
a = '''
演講講詞 2200 個字貼這裡
'''
b = [i for i in a.split() if i>='A' and i <='z']
c = set(b)
for i in b:
    print(i,':',b.count(i))
print('賈柏斯總共用了',len(c),'個單字')
```

執行結果

```
# current : 1
# renaissance. : 1
# And : 17
# ...
# you : 25
# all : 16
# very : 8
# much. : 1
# 賈柏斯總共用了 832 個單字
```

說明:用 b = [i for i in a.split() if i>='A' and i <='z'],取出打散後的每一個單字。

6-4 字典（Dictionaries）

Python 中的字典（dictionary）是一個無序的鍵值對（key-value pair）集合，其中每個鍵（key）都與一個值（value）相關聯。字典使用大括號 {} 來建立，每個鍵值對之間使用逗號分隔。

字典跟串列有點類似，但串列的每個項目，由電腦自動編號，而字典的鍵（key）名稱，卻可以自由命名，可以很清楚知道變數代表的意義。

範例 簡單的字典範例

```
my_dict = {"apple": 2, "banana": 3, "orange": 4}
```

範例 以水果名稱為鍵，對應該水果的顏色和價格的字典

```
fruits = {
    'apple': {'color': 'red', 'price': 1.20},
    'banana': {'color': 'yellow', 'price': 0.60},
    'orange': {'color': 'orange', 'price': 1.00}
}
```

範例 以學生姓名為鍵，對應該學生的學號和出生日期的字典

```
students = {
    'John': {'student_id': 'A123456', 'birthday': '1991-05-12'},
    'Mary': {'student_id': 'B234567', 'birthday': '1994-01-01'},
    'David': {'student_id': 'C345678', 'birthday': '1997-10-05'}
}
```

1. 這些字典都是使用大括號 {} 宣告，並且使用冒號:分隔鍵和值。在每個字典中，每個鍵都必須是唯一的，並且可以儲存不同型別的值，包括數字、字串、串列等等。

2. 可以使用 len() 函數來獲取字典中的鍵值對數量，也可以使用 in 運算符來檢查字典中是否存在某個鍵。

3. 字典是可變的，因此可以添加、刪除和修改鍵值對。可以使用 del 關鍵字刪除字典中的鍵值對，例如：del my_dict["apple"]

4. 可以使用 update() 方法將一個字典合併到另一個字典中，或者使用 copy() 方法建立一個字典的副本。

Python 的字典非常重要，常用來管理相關的數據，例如配置文件、資料庫和 API 呼叫等。

範例　使用字典（Dictionaries）處理字數統計

```python
# 宣告一個包含多行文字的字串 s
s = '''
Tomorrow will be better lyric
When you wake up in the morning
when you haven't started to think
There is a whole brand new day
...
keep striving for your dream
'''

# 宣告一個空字典 freq，用來統計各單字出現次數
freq = {}

# 將字串 s 以空格切割成多個單字，使用 for 迴圈追蹤這些單字
# 將每個單字轉成小寫，作為字典的 key，如果該單字已存在字典中，則其 value 加 1，否則 value
初始化為 1
for word in s.split():
    freq[word.lower()] = freq.get(word.lower(), 0) + 1

# 宣告一個空串列 t，用來存放每個單字出現次數及其單字本身
t = []
for k,v in freq.items():
    # 將每個(key,value)對打包成一個串列，並添加到串列 t 中
    t.append([v,k])

# 計算總字數，並輸出結果
sum_all = sum(freq.values())
print('共：',sum_all,'字')

# 對串列 t 進行排序，按照出現次數從小到大排序
t.sort()
# 反轉排序結果，讓串列中的元素按出現次數從大到小排列
```

```
    t.reverse()
```

宣告計數器 c 和變數 sum10，用來計算前 10 個出現頻率最高的單字出現的總次數
```
c = 1
sum10 = 0
for i in t:
    # 逐個列出前 10 個出現頻率最高的單字及其出現次數
    print(i[1],'\t:',i[0])
    # 將出現次數加總到變數 sum10 中
    sum10 = sum10 + i[0]
    # 每列出一個單字就將計數器 c 加 1，如果 c 超過 10，就跳出 for 迴圈
    c+=1
    if c>10 :
        break
```

計算前 10 個出現頻率最高的單字出現的總次數，以及佔總字數比率，並輸出結果
```
rate = sum10/sum_all*100
rate = int(rate*10+0.5)/10
print('前 10 個頻率最高字：',sum10,'字')
print('前 10 個頻率最高字，佔所有字比率：',rate,'%')
```

執行結果

```
# 共： 176 字
# you      : 9
# the      : 7
# your     : 6
# to       : 6
# is       : 5
# in       : 5
# when     : 4
# can      : 4
# be       : 4
# know     : 3
# 前 10 個頻率最高字： 53 字
# 前 10 個頻率最高字，佔所有字比率： 30.1 %
```

6-5 堆疊（Stack）

Stack（堆疊）是一種資料結構，它遵循「後進先出（Last In First Out, LIFO）」的原則。換句話說，最後被添加到堆疊中的元素是第一個被移除的元素。在堆疊中，元素只能在堆疊的頂部添加或刪除，因此堆疊的另名稱是「頂端式資料結構（LIFO）」。

Stack 堆疊的操作有兩個基本動作：

- Push（推）：在堆疊的頂部添加元素。
- Pop（彈出）：刪除堆疊頂部的元素。

其他操作：

- Peek（查看）：查看堆疊頂部的元素，但不刪除它。
- IsEmpty（是否為空）：檢查堆疊是否為空。

Stack 堆疊通常用於編譯器、計算機程式設計和其他需要處理括號匹配的應用程式。堆疊的實現可以使用陣列或連結串列等資料結構來完成。

使用 Stack

Stack（堆疊）是一種簡單的資料結構，它具有 LIFO（Last-In-First-Out）的特性，這意味著最後壓入堆疊的元素將首先被彈出。

範例 使用 Python 實現堆疊的例子

```python
# 建立空堆疊
stack = []

# 將元素壓入堆疊
stack.append(10)
stack.append(20)
stack.append(30)

# 查看堆疊的內容
print(stack)  # 輸出 [10, 20, 30]

# 從堆疊中彈出元素
print(stack.pop())  # 輸出 30
```

```
print(stack.pop())   # 輸出 20

# 查看堆疊的內容
print(stack)   # 輸出 [10]
```

例子中，使用 Python 內置的串列（List）實現了堆疊。建立空的串列，然後使用 append() 函數將元素壓入堆疊。可以使用 pop() 函數從堆疊中彈出元素，這將彈出最後壓入堆疊的元素。也可以使用索引來訪問堆疊中的元素，例如 stack[-1] 表示堆疊的頂部元素。

堆疊的應用十分多，例如在編譯器中用於實現括號匹配、在瀏覽器中用於實現瀏覽歷史紀錄、在電腦程式中用於實現遞迴演算法等。

使用 Stack 處理括號匹配

使用 Stack（堆疊）可以很方便地處理括號匹配的問題，下面是簡單的例子：

範例 處理括號匹配的問題

```python
def is_balanced(equation):
    stack = []
    for ch in equation:
        if ch in '([{':
            stack.append(ch)
        elif ch in ')]}':
            right_ch = ch
            if not stack:
                return False
            left_ch = stack.pop()
            if left_ch == '(' and right_ch != ')':
                return False
            if left_ch == '[' and right_ch != ']':
                return False
            if left_ch == '{' and right_ch != '}':
                return False
    if stack:
        return False
    return True
print(is_balanced('[]'))
print(is_balanced('{[]}'))
print(is_balanced('{[]()}'))
```

```
print(is_balanced('){[]()'})
print(is_balanced('({})'))
```

執行結果

```
# True
# True
# True
# False
# False
```

使用空的 stack 來儲存左括號。當追蹤到左括號時，將其壓入 stack 中。當追蹤到右括號時，從 stack 中彈出左括號，如果這兩個括號不匹配，返回 False。如果追蹤完整個表示式後 stack 中還有剩餘的左括號，也返回 False。

6-6 佇列（Queue）

"Queue" 是一種資料結構，常見於資訊科學和資訊科技領域。它是一種先進先出（First-In-First-Out, FIFO）的資料結構，其中最先進入佇列的元素最先被處理或移除。當元素被加入佇列時，它會被放在佇列的尾部，當需要處理元素時，從佇列的頭部取出元素進行處理。

Queue 可以有不同的實現方式，包括陣列（array）、鏈結串列（linked list）、堆（heap）等等。

Queue 應用

假設在一家銀行，需要排隊等待櫃員提供服務。在這種情況下，就處於佇列中，也就是排隊等候的隊伍。

這個佇列可以被視為先進先出的資料結構，也被稱為佇列。當進入佇列時，被添加到佇列的尾部。當櫃員準備好為下客戶提供服務時，佇列的頭部的客戶將被移除，並且該客戶將被服務。

在資訊科學中，佇列被用於實現許多演算法和資料結構，如廣度優先搜尋（BFS），作業系統的進度調度，以及網路資料封包的傳輸等。在這些情況下，資料（如節點、進程或資料封包）按照它們進入佇列的順序進行處理，並且只有在佇列的頭部的資料被處理完畢後，才能處理下一筆資料。

範例 使用 List 實現 queue

```python
queue = []

# 將元素添加到 queue 的尾部
queue.append(10)
queue.append(20)
queue.append(30)

# 從 queue 的頭部取出元素
x = queue.pop(0)
y = queue.pop(0)

print(x)   # 10
print(y)   # 20
print(queue)   # [30]
```

使用佇列模組實作

以下是使用 Python 內置佇列（Queue）模組實現簡單佇列的例子：

```python
from queue import Queue

# 建立空佇列
q = Queue()

# 將資料添加到佇列中
q.put(10)
q.put(20)
q.put(30)

# 列印佇列的大小
print("佇列大小：", q.qsize())

# 訪問佇列中的第一個元素
print("佇列頭部元素：", q.queue[0])
```

```
# 從佇列中取出並刪除第一個元素
item = q.get()
print("取出元素：", item)

# 列印佇列中的所有元素
while not q.empty():
    print(q.get(), end=" ")
```

1. 首先導入 Python 的佇列模組。

2. 建立了空佇列，將三個數據添加到佇列中，列印佇列的大小，追蹤佇列中的第一個元素，從佇列中取出並刪除第一個元素。

3. 列印佇列中的所有元素。

執行結果

```
佇列大小： 3
佇列頭部元素： 10
取出元素： 10
20 30
```

使用 Queue 處理 Josephus 問題

Josephus 問題是古老而著名的數學問題，有 n 個人站成一個圓圈，從第一個人開始報數，報到 m 的人出圈，剩下的人繼續報數，重複此過程，直到所有人都出圈為止。問最後一個出圈的人在原先圓圈中的位置是多少？

範例 Josephus 問題

```
from queue import Queue # 引入 Queue 類別
def josephus(n, m):
    q = Queue() # 建立一個 Queue 物件
    for i in range(1, n+1): # 將編號 1 ~ n 的人加入 Queue
        q.put(i)
    while q.qsize() > 1: # 只要還有超過一個人在 Queue 中
        for i in range(m-1): # 將 Queue 的前 m-1 個人放到 Queue 的末尾
            q.put(q.get())
        q.get() # 第 m 個人出列
```

```
        return q.get()  # 傳回最後一個出列的人的編號

n = 15  # 總人數
m = 4   # 每次報數的數字
print("n =", n, ", m =", m)

# 呼叫 josephus 函式求解並印出答案
print("最後出圈的，原先位置：", josephus(n, m))
```

執行結果

```
# n = 15 , m = 4
# 最後出圈的，原先位置： 13
```

用 Queue 來儲存每個人的編號，每次從 Queue 中取出第 m 個人出列，並將前 m-1 個
人放到 Queue 的末尾。最後只剩下一個人時，該人即為最後一個出列的人。

6-7 堆（Heap）

堆（Heap）是一種特殊的樹狀資料結構，通常用來實現優先佇列（Priority Queue）或
排序演算法。

分為兩種類型：最小堆（Min Heap）和最大堆（Max Heap）。在最小堆中，父節點的
值總是小於或等於其子節點的值；而在最大堆中，父節點的值總是大於或等於其子節
點的值。這樣的性質可以保證堆的根節點總是最小（或最大）的元素，因此可以快速
找到最大或最小值。

堆可以使用數組或串列實現。對於索引為 i 的節點，其父節點的索引為 (i-1)//2，左子
節點的索引為 2i+1，右子節點的索引為 2i+2。在插入新節點或刪除節點時，需要對堆
進行調整，以保持堆的性質。

堆的應用十分廣泛。除了實現優先佇列和排序演算法外，還可以用來解決一些最優化
問題，如最小生成樹（Minimum Spanning Tree）和最短路徑（Shortest Path）問題。

使用堆（heap）找出最小的前 3 個元素

```python
import heapq

# 建立空堆
heap = []

# 將元素加入堆中
heapq.heappush(heap, 10)
heapq.heappush(heap, 5)
heapq.heappush(heap, 15)
heapq.heappush(heap, 20)

# 從堆中取出最小的元素
print(heapq.heappop(heap))  # 輸出 5

# 查看堆中最小的元素，但不從堆中取出
print(heap[0])  # 輸出 10

# 將串列轉換成堆
heap = [5, 8, 1, 6, 9, 3]
heapq.heapify(heap)

# 從堆中取出最小的三個元素
print(heapq.heappop(heap))  # 輸出 1
print(heapq.heappop(heap))  # 輸出 3
print(heapq.heappop(heap))  # 輸出 5
```

這個例子使用 Python 的 heapq 模組實現堆。建立空堆，然後使用 heappush() 函數將元素加入堆中。使用 heappop() 函數從堆中取出最小的元素，或者使用 heap[0] 查看最小的元素，但不從堆中取出。也可以使用 heapify() 函數將串列轉換成堆，並使用 heappop() 數取出最小的元素。

6-8 字串（Strings）

Python 中的字串是一種資料型態，由一系列的字元所組成。在 Python 中，字串可以使用單引號、雙引號或三個引號來表示，例如：

```
str1 = 'Hello, World!'
str2 = "Python is fun."
str3 = """這是多行字串的例子,
…
```

而且是可以包含特殊控制字元如 \n or \t."""

在 Python 中，字串是不可變的，一旦建立字串後，就無法修改其內容。但可以使用各種操作符和函數來操作字串。

按照常用程度排序的 Python 字串操作整理

操作	描述	範例
len()	返回字串的長度	`len("Hello, World!") -> 13`
lower()	將字串轉換為小寫	`"Hello, World!".lower() -> "hello, world!"`
upper()	將字串轉換為大寫	`"Hello, World!".upper() -> "HELLO, WORLD!"`
strip()	去除字串兩端的空格或指定字符	`" Hello, World! ".strip() -> "Hello, World!"`
replace()	將字串中的指定子字串替換為新的子字串	`"Hello, World!".replace("World", "Python") -> "Hello, Python!"`
split()	使用指定分隔符將字串拆分為串列	`"Hello, World!".split(",") -> ["Hello", " World!"]`
join()	使用指定字串將序列中的元素連接起來	`",".join(["apple", "banana", "cherry"]) -> "apple,banana,cherry"`
format()	格式化字串	`"The {0} is {1}".format("sky", "blue") -> "The sky is blue"`
in	檢查子串是否在字串中	`"Hello" in "Hello, World!" -> True`
index()	在字串中查找子串第一次出現的位置，沒有引發 ValueError 異常	`"Hello, World!".index("o") -> 4`
count()	統計子串在字串中出現的次數	`"Hello, World!".count("l") -> 3`
find()	在字串中查找子串第一次出現的位置，沒有返回-1	`"Hello, World!".find("o") -> 4`
rfind()	在字串中從右邊開始查找子串第一次出現的位置，沒有返回-1	`"Hello, World!".rfind("o") -> 8`

操作	描述	範例
startswith()	檢查字串是否以指定子串開始	`"Hello, World!".startswith("Hello")` `-> True`
endswith()	檢查字串是否以指定子串結束	`"Hello, World!".endswith("World!")` `-> True`
splitlines()	將字串以行分隔符\n 拆分為串列	`"Hello\nWorld".splitlines() ->` `["Hello", "World"]`
lstrip()	去除字串左側的空格或指定字符	`" Hello, World! ".lstrip() -> "Hello,` `World! "`
rstrip()	去除字串右側的空格或指定字符	`" Hello, World! ".rstrip() -> " Hello,` `World!"`
isalnum()	檢查字串是否只包含字母和數字	`"Hello123".isalnum() -> True`
isalpha()	檢查字串是否只包含字母	`"Hello".isalpha() -> True`
isdigit()	檢查字串是否只包含數字	`"123".isdigit() -> True`
islower()	檢查字串是否只包含小寫字母	`"hello".islower() -> True`
isupper()	檢查字串是否只包含大寫字母	`"HELLO".isupper() -> True`
isspace()	檢查字串是否只包含空格	`" ".isspace() -> True`
istitle()	檢查字串是否為標題化字串	`"Hello, World!".istitle() -> False`
title()	將字串轉換為標題化字串	`"hello, world!".title() -> "Hello,` `World!"`
capitalize()	將字串的第一個字符轉換為大寫	`"hello, world!".capitalize() ->` `"Hello, world!"`
swapcase()	將字串中的大寫字母轉換為小寫，小寫字母轉換為大寫	`"Hello, World!".swapcase() -> "hELLO,` `wORLD!"`
center()	將字串居中對齊，並使用指定字符填充	`"Hello".center(10, "*") ->` `"**Hello***"`
ljust()	將字串左對齊，並使用指定字符填充	`"Hello".ljust(10, "*") ->` `"Hello*****"`
rjust()	將字串右對齊，並使用指定字符填充	`"Hello".rjust(10, "*") ->` `"*****Hello"`
zfill()	在字串左側填充 0，直到字串達到指定長度	`"123".zfill(5) -> "00123"`
format()	將數值按照指定格式輸出為字串	`"{:.2f}".format(3.14159) -> "3.14"`

希望這些例子能幫助你更方便用 Python 進行字串操作。

範例 字串例子

```
a = '明後天會更好，明後天會更好'
ex = '明日會更好'


c = 0
for i in ex:
    if i in a:
        c = c + 1
        # print(i)
print('相同:'+ str(c) + '個字')
r = c/len(ex)
print('相似度:'+ str(r*100) + '%')


#字元比對
a = '明後天會更好'
b = '明日會更美好'

print('\n 多打:')
for i in b:
    if i not in a:
        print(i,end='')

print('\n 少打:')
for i in a:
    if i not in b:
        print(i,end='')
```

執行結果

```
# 相同:4 個字
# 相似度:80.0%


# 多打：日美
# 少打：後天
```

1. 此程式用來比較兩個字串 ex 和 a 之間的相似度以及差異處。

2. 用一個 for 迴圈來追蹤 ex 這個字串中的每一個字元,如果該字元在字串 a 中也有出現,則將計數器 c 加一。最後,計算出相似度 r,即 c 除以 ex 的長度,再將其乘上 100%。

3. 再比較字串 a 和 b 之間的差異處。首先,用一個 for 迴圈來追蹤 b 這個字串中的每一個字元,如果該字元不在字串 a 中,則印出該字元,即為多打的部分。

4. 接著,用另一個 for 迴圈來追蹤 a 這個字串中的每一個字元,如果該字元不在字串 b 中,則印出該字元,即為少打的部分。

字串切片

字串切片是指從一個字串中選取一段子串,可以透過使用起始位置、結束位置和增量來完成。在 Python 中,可以透過指定索引位置來實現切片操作。

字串切片的基本語法如下:

```
string[start:end:step]
```

● start:選取子串的起始位置,包括此位置的字符。

● end:選取子串的結束位置,不包括此位置的字符。

● step:選取子串的增量,即相隔多少個字符選取一次,預設為 1。

以下是一些常用的字串切片操作:

```
string = "Hello, World!"
```

範例 選取從索引為 2 的字符開始到索引為 7 的字符之前的子串

```
substring = string[2:7]
print(substring)    # "llo, "
```

範例 選取從索引為 0 的字符開始到索引為 5 的字符之前的子串,每隔一個字符選取一次

```
substring = string[0:5:2]
print(substring)    # "Hlo"
```

範例 選取從索引為 7 的字符開始到結尾的子串

```
substring = string[7:]
print(substring)      # "World!"
```

範例 選取從開頭到索引為 5 的字符之前的子串

```
substring = string[:5]
print(substring)      # "Hello"
```

範例 選取整個字串

```
substring = string[:]
print(substring)      # "Hello, World!"
```

範例 選取從結尾往前數的前 5 個字符

```
substring = string[-5:]
print(substring)      # "orld!"
```

字串是不可變的,因此對字串進行切片操作只會返回一個新的字串,而不會修改原始字串。

6-9 樹(Tree)

Tree(樹)是一種用於組織資料的資料結構。它由節點(Node)和邊(Edge)組成,節點可以有零個或多個子節點。每個節點都包含一個值和一個指向其子節點的指標。樹狀結構通常用於表示分層資料,如文件系統、網站地圖和組織結構等。

在樹結構中,最頂層的節點稱為根節點(Root Node),其下面的節點稱為子節點(Child Node),沒有子節點的節點稱為葉節點(Leaf Node)。樹結構的深度(Depth)指的是從根節點到葉節點的最長路徑長度,樹的高度(Height)指的是從葉節點到根節點的最長路徑長度。

二元樹(Binary Tree)是一種特殊的樹狀結構,每個節點最多只能有兩個子節點。二元樹可以是空樹,或由一個根節點和兩個子樹所組成的非空樹。

可以使用類別和指標(指向節點的變數)來實現二元樹。

物件導向概念補充

物件導向程式設計是一種程式設計的方法論，其中的核心概念是將複雜的系統分解成一些相互作用的物件，這些物件可以是現實世界中的物體、概念或數據等。

1. 每個物件都有自己的特性和行為，並且可以與其他物件進行交互作用和連結，以實現軟體功能。

2. 在物件導向程式設計中，程式被組織成一些類別。類別是對相關屬性和行為進行抽象的模板，用於創建物件。物件是類別的實例，它們具有繼承自類別的屬性和方法，同時還可以根據需要進行修改或擴展。

3. 物件導向程式設計的優點在於可以更好地管理複雜度，提高程式碼的重用性和可維護性，並且更容易模擬現實世界的事物。

4. 物件導向程式設計也有助於實現抽象化、多形性和封裝性等特性，使代碼更加靈活和易於擴展。

常見的物件導向程式設計語言包括 Java、C++、Python 和 C# 等。在這些語言中，開發者可以使用類別和物件進行代碼編寫，透過繼承、多型和封裝等機制實現代碼的靈活性和可維護性，從而提高開發效率和程式碼質量。

類別（Class）知識補充

Python 的 class 可以理解為定義一個物件的模板或藍圖。

class 中，你可以定義該物件所具備的屬性和方法，而這些屬性和方法可以被該類別的所有物件所共享和使用。

使用 Python class 創建出 Person Class 的物件，每個物件都有自己的屬性和方法，方便進行物件導向程式設計。

```
class Person:
    def __init__(self, name, age):
        self.name = name
        self.age = age


    def speak(self, message):
        print(f"{self.name} says: '{message}'")
```

```
    def introduce(self):
        print(f"Hello, my name is {self.name}, and I am {self.age} years
old.")
```

這個範例中，我們使用了 self 來表示建立的物件本身，而 __init__ 方法的初始化參數為「name」和「age」。

1. speak 方法接收一個參數 message，並將其印出來。

2. introduce 方法則不需要接收參數，直接印出該物件的「name」和「age」。

建一個「Person」的物件，並使用其方法：

```
mary = Person("Mary", 21)
mary.introduce()
mary.speak("Hello!")
```

執行結果

```
# Hello, my name is Mary, and I am 21 years old.
# Mary says: 'Hello!'
```

以類別（class）實作樹

二元樹的節點類通常包含一個值和左右子樹，例如：

```
class Node:
def __init__(self, value):
self.value = value
self.left = None
self.right = None
```

使用這個節點類別來建立二元樹。例如，以下程式碼建立了一棵包含五個節點的二元樹：

```
root = Node(1)
root.left = Node(2)
root.right = Node(3)
root.left.left = Node(4)
root.left.right = Node(5)
```

可以使用遞迴的方式來實現許多與二元樹相關的演算法和操作，例如搜尋、插入、刪除、走訪等。

二元樹的走訪包括前序走訪、中序走訪和後序走訪。

1. 前序走訪指的是先訪問節點本身，再遞迴訪問其左子樹和右子樹。

2. 中序走訪指的是先遞迴訪問左子樹，再訪問節點本身，最後遞迴訪問右子樹。

3. 後序走訪指的是先遞迴訪問左子樹和右子樹，最後訪問節點本身。

範例 二元樹建立、新增、追蹤實作

```python
# -*- coding: utf-8 -*-
# 建立樹的節點
class Node(object):
    # Initializing to None
    def __init__(self):
        self.left = None
        self.right = None
        self.data = None


# 插入節點至二元搜尋樹中
def insertion(val):
    # 如果是第一個節點
    if(root.data==None):
        print(val," Inserted as root")
        root.data=val
    # 如果不是第一個節點
    else:
        # 尋找空節點
        p=root

        # 建節點放資料
        n = Node()
        n.data=val

        # 找到正確位址
        while True:
            # 比節點資料小，資料將插入至左子樹
            if(val<p.data):
```

```
            if(p.left==None):
                print(val," Inserted on left of ",p.data)
                p.left=n
                break
            else:
                p=p.left
        # 比節點資料大，資料將插入至右子樹
        else:
            if(p.right==None):
                print(val," Inserted on right of",p.data)
                p.right=n
                break
            else:
                p=p.right


root = Node()
insertion(3)
insertion(5)
insertion(7)
insertion(2)
insertion(1)
insertion(6)
```

執行結果

```
#     3
#    / \
#   2   5
#  /     \
# 1       7
#        /
#       6


def inorder(node):
    if node:
    # 追蹤左子樹
        inorder(node.left)
    # 輸出資料
        print(node.data,end= ' ')
    # Traversing right subtree
```

```
    # 追蹤右子樹
        inorder(node.right)

inorder(root)
```

執行結果

```
# 1 2 3 5 6 7
print()

def postorder(node):
    if node:
        # 追蹤左子樹
        postorder(node.left)
        # 追蹤右子樹
        postorder(node.right)
        # 印出資料
        print(node.data,end=' ')

postorder(root)
```

執行結果

```
# 1 2 6 7 5 3
print()

def preorder(node):
    if node:
    # Visiting node
        # 輸出資料
        print(node.data,end = ' ')
        # 追蹤左子樹
        preorder(node.left)
        # 追蹤右子樹
        preorder(node.right)
preorder(root)
```

執行結果

```
# 3 2 1 5 7 6
```

6-10 練習題

1. 如何在 Python 中建立一個空串列？

2. 如何向串列中添加元素？

3. 如何訪問串列中的元素？

4. 如何在 Python 中刪除串列中的元素？

5. 如何獲取串列的長度？

6. 如何將多個串列合併為一個串列？

7. 如何使用循環追蹤串列中的元素？

8. 如何查找串列中的最大值和最小值？

9. 如何將串列中的元素反轉？

10. 如何從串列中建立一個副本？

11. 如何建立一個空的 tuple？

12. 如何建立一個只有一個元素的 tuple？

13. 如何判斷 tuple 中是否存在某個元素？

14. 如何將兩個 tuple 合併成一個新的 tuple？

15. 如何將一個 list 轉換成 tuple？

16. 如何將一個 tuple 轉換成 list？

17. 如何將一個 tuple 複製一份？

18. 如何建立一個空的 dictionary？

19. 如何添加一個鍵值對到 dictionary 中？

20. 如何獲取 dictionary 中某個鍵對應的值？

21. 如何判斷 dictionary 中是否存在某個鍵？

22. 如何刪除 dictionary 中指定的鍵值對？

23. 如何獲取 dictionary 中所有的鍵？

24. 如何獲取 dictionary 中所有的值？

25. 如何獲取 dictionary 中所有的鍵值對？

26. 如何找到兩個 set 中的所有元素？

27. 如何檢查一個 set 是否是另一個 set 的子集？

28. 如何檢查一個 set 是否是另一個 set 的超集？

CHAPTER

程式變大後的解決
辦法

- 函式
- 自訂函式
- 區域變數和廣域變數
- 內建函式
- 不定量的位址參數、關鍵字參數
- 模組、套件與 import 指令
- random 模組
- time 模組
- Schedule 模組

當程式變得越來越大時，維護和管理程式碼就變得需要有些技巧和方法。以下是常見解決辦法

7-1 函式

函式（Function）是可以被重複使用的區塊，通常會接收輸入（Input）並回傳輸出（Output）。它可以接收任意數量的輸入，並且可以進行處理後回傳任何型態的輸出。在許多程式語言中，函式是程式設計的基本結構之一，可以用來解決各種問題。

7-2 自訂函式

Python 支援函式程式設計的程式語言，其中函式可以使用 def 關鍵字定義。

範例 計算兩個數字的和

```
def myadd(x, y):
    return x + y
print(myadd(1,2))     # 印出 3
```

範例 求 gcd(x,y) 函式

以下是求 x 與 y 的最大公因數的自訂函式

```
def gcd(x, y):
    while y != 0:
        x, y = y, x % y
    return x
```

我們使用 def 關鍵字定義一個名為 gcd 的函式。透過迴圈不斷將 y 除以 x 的餘數，直到餘數為 0 為止。最後回傳 x，就是 x 與 y 的最大公因數。

使用方法如下：

```
a = 36
b = 24
print(gcd(a, b))      # 印出 12
```

我們將兩個整數 a 和 b 傳遞給 gcd 函式，它會回傳 a 和 b 的最大公因數，即 12。

範例 自己寫一個 10 進位轉 18 進位函式

```python
def dec_2_18(n):
    rr = '0123456789ABCDEFGH'
    if n == 0:
        return '0'
    digit18 = []
    while n > 0:
        r = n % 18
        digit18.append(rr[r])
        n//= 18
    digit18.reverse()
    digit18 = ''.join(digit18)
    return digit18


for i in range(20):
    digit18 = dec_2_18(i)
    print(i,':',digit18)
```

執行結果

```
# 0 : 0
# 1 : 1
# 2 : 2
# ...
# ...
# 14 : E
# 15 : F
# 16 : G
# 17 : H
# 18 : 10
# 19 : 11
```

程式說明：

因為 16、8、2 進位都有現成的工具可以用，寫一個將十進位數字轉換成 18 進位數字的程式練習一下吧！

```
def dec_2_18(n):
    # rr 是一個用來儲存 18 進位每個位數對應的字元的字串
    rr = '0123456789ABCDEFGH'


    # 如果 n 為 0，直接回傳字串 '0'
    if n == 0:
        return '0'


    # 建立一個空串列 digit18 用來儲存轉換後的數字
    digit18 = []


    # 利用 while 迴圈將十進位數字 n 轉換成 18 進位數字
    while n > 0:
        r = n % 18 # 取得 n 除以 18 的餘數
        digit18.append(rr[r]) # 將餘數對應的字元加到 digit18 串列中
        n //= 18 # 將 n 除以 18


    # 將 digit18 串列中的元素反轉，再轉換成字串
    digit18.reverse()
    digit18 = ''.join(digit18)


    # 回傳轉換後的 18 進位數字
    return digit18
```

> **範例** 　使用 for 迴圈印出範圍 0~19 的 18 進位數字

```
for i in range(20):
    digit18 = dec_2_18(i) # 將 i 轉換成 18 進位數字
    print(i,':',digit18)
```

7-3　區域變數和廣域變數

在 Python 中，變數可以被分為區域變數和廣域變數。區域變數指的是在函數或區塊內聲明的變數，而廣域變數指的是在全局範圍內聲明的變數。以下是一個簡單的 Python 例子，說明如何宣告和使用區域變數和廣域變數：

```python
# 定義一個全域變數
global_sum = 1000


def area1():
    # 定義一個區域變數
    local_sum = 100
    print("area1 函數內部，local_sum 值為：", local_sum)

    # 使用 global 關鍵字來使用和修改全域變數
    global global_sum
    global_sum = global_sum + local_sum
    print("在函數內部，global_sum 的值為：", global_sum)

def area2():
    # 定義一個區域變數
    local_sum = 200
    print("area2 函數內部，local_sum 值為：", local_sum)

    # 使用 global 關鍵字來使用和修改全域變數
    global global_sum
    global_sum = global_sum + local_sum
    print("在函數內部，global_sum 的值為：", global_sum)

# 呼叫函數
area1()

# 輸出全域變數
print("在全局範圍內，global_sum 的值為：", global_sum)
print()

# 呼叫函數
area2()
# 輸出全域變數
print("在全局範圍內，global_sum 的值為：", global_sum)
print()

# 執行結果：
# area1 函數內部，local_sum 值為： 100
# 在函數內部，global_sum 的值為： 1100
# 在全局範圍內，global_sum 的值為： 1100
```

```
# area2 函數內部，local_sum 值為： 200
# 在函數內部，global_sum 的值為： 1300
# 在全局範圍內，global_sum 的值為： 1300
```

1. 程式碼定義了全域變數 global_sum，初始值為 1000。接著定義了兩個函數 area1 和 area2，這兩個函數各自定義了一個區域變數 local_sum，分別為 100 和 200。在函數內部，使用 print 函數輸出了區域變數 local_sum 的值。

2. 兩個函數使用了 global 關鍵字來使用和修改全域變數 global_sum 的值。在 area1 函數內部，使用 global 關鍵字將 global_sum 增加了 local_sum，也就是 1100。在 area2 函數內部，同樣使用 global 關鍵字將 global_sum 增加了 local_sum，也就是 1300。

3. 在呼叫 area1 和 area2 函數之後，使用 print 函數輸出了全域變數 global_sum 的值，分別為 1100 和 1300。可以看到，在函數內部使用 global 關鍵字修改全域變數的值後，這個修改也反應在了全局範圍內的 global_sum 變數上。

~~~ 實在很難看懂，改一下說明吧！ ~~~

舉例說明某家蛋糕店，訂單有直接進到總部的，也有各分店各別收到的，所以就會有各分店的量，以及全公司的總量要統計。

```
# 定義一個全域變數--總訂購數
global_sum = 1000

def area1():
    # 定義一個區域變數--分店訂購數
    local_sum = 100
    print("area1 分店，local_sum 分店訂購數值為：", local_sum)

    # 使用 global 關鍵字來使用和修改全域變數
    global global_sum
    global_sum = global_sum + local_sum
    print("加計 area1 分店，global_sum 總訂購值為：", global_sum)

def area2():
    # 定義一個區域變數--分店訂購數
    local_sum = 200
```

```
        print("area2 分店，local_sum 分店訂購數值為：", local_sum)


        # 使用 global 關鍵字來使用和修改全域變數
        global global_sum
        global_sum = global_sum + local_sum
        print("加計 area2 分店，global_sum 總訂購值為：", global_sum)

# 呼叫函數
area1()

# 輸出全域變數
print("在全局範圍內，global_sum 的值為：", global_sum)
print()

# 呼叫函數
area2()
# 輸出全域變數
print("在全局範圍內，global_sum 的值為：", global_sum)
print()
```

執行結果

```
# area1 分店，local_sum 分店訂購數值為： 100
# 加計 area1 分店，global_sum 總訂購值為： 1100
# 在全局範圍內，global_sum 的值為： 1100


# area2 分店，local_sum 分店訂購數值為： 200
# 加計 area2 分店，global_sum 總訂購值為： 1300
# 在全局範圍內，global_sum 的值為： 1300
```

程式完全沒改，但說明變了，清楚多了吧！

7-4 內建函式

以下是一些常用的 Python 函式：

函式	說明
`abs(x)`	回傳 x 的絕對值
`all(iterable)`	如果 iterable 中的所有元素都為 True，則回傳 True，否則回傳 False
`any(iterable)`	如果 iterable 中的任何元素為 True，則回傳 True，否則回傳 False
`len(s)`	回傳 s 的長度
`max(iterable, *[, key, default])`	回傳 iterable 中的最大值
`min(iterable, *[, key, default])`	回傳 iterable 中的最小值
`sorted(iterable, *[, key, reverse])`	回傳 iterable 的排序結果
`sum(iterable, start=0)`	回傳 iterable 中的元素總和
`range([start,] stop[, step])`	回傳整數序列，從 start 到 stop，以 step 為增量
`enumerate(iterable, start=0)`	回傳 iterable 的元素和索引，通常用於 for 迴圈
`filter(function, iterable)`	使用 function 過濾 iterable，回傳過濾後的結果
`map(function, iterable, ...)`	將 function 應用到 iterable 的每個元素，回傳處理後的結果
`zip(*iterables)`	將多個 iterable 合併成重複器，回傳元素為元組的序列
`round(number[, ndigits])`	回傳 number 四捨五入到 ndigits 指定的小數位數。預設值為 0。
`type(object)`	返回該 object 的資料型別。

除了這些內建函式外，Python 還提供了許多模組和套件，可以用來解決各種問題，例如 math、random、datetime、re 等。

Python 的 map 應用例

範例 將串列中的每個元素轉換為大寫字母

```python
original_list = ['apple', 'banana', 'cherry']
upper_list = list(map(str.upper, original_list))
print(upper_list) # ['APPLE', 'BANANA', 'CHERRY']
```

範例 將串列中的每個元素轉換為整數

```python
original_list = ['1', '2', '3']
int_list = list(map(int, original_list))
print(int_list) # [1, 2, 3]
```

範例 將串列中的每個元素轉換為浮點數

```python
original_list = ['1.0', '2.5', '3.2']
float_list = list(map(float, original_list))
print(float_list) # [1.0, 2.5, 3.2]
```

範例 將串列中的每個元素取絕對值

```python
original_list = [-1, -2, 3, 4, -5]
abs_list = list(map(abs, original_list))
print(abs_list) # [1, 2, 3, 4, 5]
```

範例 將二維串列轉置

```python
original_list = [[1, 2, 3], [4, 5, 6], [7, 8, 9]]
transpose_list = list(map(list, zip(*original_list)))
print(transpose_list) # [[1, 4, 7], [2, 5, 8], [3, 6, 9]]
```

這些應用例展示了 map 函數的多種用法。利用 map 函數，可以將對串列、字典、元組等的操作簡化為簡潔而易讀的一行程式碼。

Python 的 any() 函數應用例

範例 判斷串列中是否有大於 10 的元素

```python
my_list = [5, 8, 12, 3, 9]
result = any(x > 10 for x in my_list)
print(result)   # True
```

範例 判斷字串中是否包含任何大寫字母

```python
my_string = "Hello, World!"
result = any(x.isupper() for x in my_string)
print(result)   # True
```

範例 判斷字典中是否存在任何值大於 10 的鍵

```python
my_dict = {'a': 5, 'b': 12, 'c': 7}
result = any(x > 10 for x in my_dict.values())
print(result)   # True
```

範例 判斷多個串列中是否存在任何一個串列中包含 'apple'

```python
list1 = ['banana', 'orange', 'pear']
list2 = ['apple', 'kiwi', 'grape']
list3 = ['watermelon', 'pineapple', 'mango']
result = any('apple' in x for x in [list1, list2, list3])
print(result)   # True
```

範例 判斷序列中是否存在任何非零元素

```python
my_tuple = (0, 0, 0, 0, 1)
result = any(my_tuple)
print(result)   # True
```

範例 判斷是否存在任何字串的長度大於 10

```python
my_list = ['hello', 'world', 'this', 'is', 'a', 'test']
result = any(len(x) > 10 for x in my_list)
print(result)   # False
```

範例 判斷是否存在任何元素大於 10 或小於 0

```
my_list = [5, 8, 12, 3, 9]
result = any(x > 10 or x < 0 for x in my_list)
print(result)  # True
```

範例 判斷字典中是否存在任何鍵為大寫字母

```
my_dict = {'a': 5, 'B': 12, 'c': 7}
result = any(x.isupper() for x in my_dict.keys())
print(result) # True
```

範例 判斷是否存在任何空串列、空元組、空集合或空字典

```
my_list = []
my_tuple = ()
my_set = set()
my_dict = {}
result = any((not x) for x in [my_list, my_tuple, my_set, my_dict])
print(result)  # True
```

範例 判斷是否存在任何字串或整數元素

```
my_list = ['hello', 123, 'world', 456]
result = any(isinstance(x, (str, int)) for x in my_list)
print(result)  # True
```

以上是 any() 函數的應用例，這個函數在 Python 中非常有用，可以使代碼更簡潔和易讀。

Python 的 all 應用例

範例 檢查所有的元素是否為真

```
my_list = [True, True, False, True]
result = all(my_list)
print(result) # False
```

◢ **範例** 檢查串列中所有元素是否為假

```
my_list = [False, False, False, False]
result = all(my_list)
print(result) # False
```

◢ **範例** 檢查所有數字是否都是正數

```
my_list = [1, 2, 3, 4, 5]
result = all(i > 0 for i in my_list)
print(result) # True
```

◢ **範例** 檢查所有字串是否都不為空

```
my_list = ["Hello", "World", "", "Python"]
result = all(len(s) > 0 for s in my_list)
print(result) # False
```

◢ **範例** 檢查所有元素是否都是可追蹤對象

```
my_list = [[1, 2], [3, 4], [5, 6]]
result = all(isinstance(l, (list, tuple)) for l in my_list)
print(result) # True
```

◢ **範例** 檢查所有元素是否都是布林值

```
my_list = [True, False, True]
result = all(isinstance(i, bool) for i in my_list)
print(result) # True
```

◢ **範例** 檢查所有元素是否都是整數

```
my_list = [1, 2, 3, 4, 5]
result = all(isinstance(i, int) for i in my_list)
print(result) # True
```

◢ **範例** 檢查所有元素是否都是浮點數

```
my_list = [1.2, 3.4, 5.6]
result = all(isinstance(i, float) for i in my_list)
print(result) # True
```

範例 檢查所有元素是否都是字典

```python
my_list = [{}, {"name": "John"}, {"age": 30}]
result = all(isinstance(i, dict) for i in my_list)
print(result) # True
```

Python zip() 函數應用例

範例 合併多個串列

```python
list1 = [1, 2, 3]
list2 = ['a', 'b', 'c']
list3 = [True, False, True]
result = list(zip(list1, list2, list3))
print(result) # Output: [(1, 'a', True), (2, 'b', False), (3, 'c', True)]
```

範例 轉置矩陣

```python
matrix = [(1, 2, 3), (4, 5, 6), (7, 8, 9)]
transpose = list(zip(*matrix))
print(transpose) # Output: [(1, 4, 7), (2, 5, 8), (3, 6, 9)]
```

範例 列出多個可逐一追蹤對象

```python
names = ['Mary', 'Jack', 'Alice']
ages = [25, 58, 34]
countries = ['cy', 'Taichung', 'Taipei']
for name, age, country in zip(names, ages, countries):
    print(f'{name} is {age} years old and lives in {country}')
# Output:
# Mary is 25 years old and lives in cy
# Jack is 58 years old and lives in Taichung
# Alice is 34 years old and lives in Taipei
```

範例 建立字典

```python
keys = ['a', 'b', 'c']
values = [1, 2, 3]
result = dict(zip(keys, values))
print(result) # Output: {'a': 1, 'b': 2, 'c': 3}
```

▼ **範例** | 同時追蹤多個可追蹤對象，取出相應的元素

```
items = [('apple', 2), ('banana', 3), ('cherry', 4)]
fruits, counts = zip(*items)
print(fruits) # Output: ('apple', 'banana', 'cherry')
print(counts) # Output: (2, 3, 4)
```

▼ **範例** | 將兩個串列的元素進行一一配對，並對它們進行某種操作

```
list1 = [1, 2, 3]
list2 = [4, 5, 6]
result = [a+b for a,b in zip(list1, list2)]
print(result) # Output: [5, 7, 9]
```

▼ **範例** | 將多個字符串的相對應字符進行配對

```
string1 = '0123456789abcdef'
num = list(range(16))
result = ', '.join([a+':'+str(b) for a,b in zip(string1, num)])
print(result) # Output: 0:0, 1:1, 2:2, 3:3, 4:4, 5:5, 6:6, 7:7, 8:8, 9:9, a:10,
b:11, c:12, d:13, e:14, f:15
```

▼ **範例** | 用 zip() 函數將串列轉換為元組

```
my_list = ['台北','新竹','台中','台南' ,'高雄']
result = zip(my_list, range(len(my_list)))
result_tuple = list(result)
print(result_tuple) # Output:[('台北', 0), ('新竹', 1), ('台中', 2), ('台南
', 3), ('高雄', 4)]
# 在上面的例子中，使用了 zip() 函數將 my_list 與 range(len(my_list)) 進行配對，
然後將配對的結果轉換為元組。
```

Python 的 round 應用例

▼ **範例** | 四捨五入到整數：使用 round 函數可以將一個浮點數四捨五入到最接
近的整數。

```
round(3.14159)  # Output: 3
round(4.5)  # Output: 5
```

▼**範例** 指定小數點位數：可以使用第二個參數來指定小數點位數。

```
round(3.14159, 2)  # Output: 3.14
round(4.56789, 3)  # Output: 4.568
```

▼**範例** 保留整數部分：可以使用負數的小數點位數來將數字四捨五入到整數位。

```
round(12345.6789, -2)  # Output: 12300.0
round(9876543.21, -5)  # Output: 9900000.0
```

▼**範例** 四捨五入到最接近的 5：可以使用自定義函數將一個數字四捨五入到最接近的 5 的倍數。

```
def round_to_nearest_five(x):
    return round(x/5)*5

round_to_nearest_five(16)  # Output: 15
round_to_nearest_five(18)  # Output: 20
```

▼**範例** 四捨五入到最接近的 10：可以使用自定義函數將一個數字四捨五入到最接近的 10 的倍數。

```
def round_to_nearest_ten(x):
    return round(x/10)*10

round_to_nearest_ten(27)  # Output: 30
round_to_nearest_ten(43)  # Output: 40
```

▼**範例** 四捨五入到指定範圍：可以使用自定義函數將一個數字四捨五入到指定的範圍內。

```
def round_to_range(x, lower, upper):
    return max(lower, min(upper, round(x)))

round_to_range(23, 10, 30)  # Output: 23
round_to_range(36, 10, 30)  # Output: 30
```

範例 判斷是否為偶數：可以使用 round 函數來判斷一個數字是否為偶數。

```python
def is_even(x):
    return round(x) % 2 == 0
is_even(4)   # Output: True
is_even(5)   # Output: False
```

範例 判斷是否為整數：可以使用 round 函數來判斷一個數字是否為整數。

```python
def is_integer(x):
    return round(x) == x

is_integer(4.0)   # Output: True
is_integer(4.5)   # Output: False
```

範例 避免浮點數精度問題：在計算浮點數時，可能會遇到精度問題。可以使用 round 函數來解決這個問題。

```python
x = 0.1 + 0.1 + 0.1
print(x)   # Output: 0.30000000000000004

rounded_x = round(x, 3)
print(rounded_x)   # Output: 0.3
```

這些都是 Python 中 round 函數的一些常見應用例，可以幫助您在編寫 Python 程式時更有效地處理數字。

範例 算術運算：使用 ceil() 函數將一個數向上取整數

```python
import math; math.ceil(4.3) 輸出為 5。
```

Python 的 floor 應用例

floor 是 Python 內建的數學函數之一，用於將浮點數向下取整為整數。

範例 計算一個浮點數除以另一個浮點數的商，並向下取整到整數。

```python
import math
x = 5.0
y = 2.0
```

```
result = math.floor(x / y)
print(result)  # Output: 2
```

範例 將浮點數轉換為整數。

```
import math
x = 3.5
result = int(math.floor(x))
print(result)  # Output: 3
```

範例 將一組數字中的浮點數向下取整到最接近的整數。

```
import math
data = [3.14159, 2.71828, 1.41421]
result = [math.floor(x) for x in data]
print(result)  # Output: [3, 2, 1]
```

範例 將浮點數轉換為代表百分比的整數。

```
import math
x = 0.736
result = math.floor(x * 100)
print(result)  # Output: 73
```

範例 將時間表示的浮點數向下取整到最近的整點。

```
import math
time = 3.75   # 3 點 45 分
result = math.floor(time)
print(result)  # Output: 3
```

範例 將浮點數向下取整到指定小數位數。

```
import math
x = 3.14159
result = math.floor(x * 100) / 100
print(result)  # Output: 3.14
```

> **範例** 將浮點數向下取整到最接近的千位數。

```python
import math
x = 12345.6789
result = math.floor(x / 1000) * 1000
print(result)  # Output: 12000.0
```

7-5 不定數量的位址參數、關鍵字參數

> **範例** 使用 *args 接受不定量的位址參數

```python
def add_numbers(*args):
    result = 0
    for num in args:
        result += num
    return result


# 使用 add_numbers 函數
print(add_numbers(10, 20, 30))    # 輸出 : 60
```

> **範例** 使用 **kwargs 表示接受不定量的關鍵字參數

```python
def print_details(**kwargs):
    for key, value in kwargs.items():
        print(f"{key}: {value}")


# 使用 print_details 函數
print_details(name="Mary", age=30, city="Taichung")
# 輸出 :
# name: Mary
# age: 30
# city: Taichung
```

Python 的函數定義和使用都非常靈活，可以輕鬆處理不同類型和數量的輸入。

7-6 模組、套件與 import 指令

模組（Module）是包含定義、變數和函式等的檔案，可以用來組織程式碼。模組可以被其他程式引入並使用其中的函式和變數。

Python 提供了許多內建模組，例如 math 和 random 模組，也可以自己定義模組來組織程式碼。在 Python 中，模組是以 .py 為副檔名的檔案。

- import 指令用於導入模組或套件。
- 模組是包含 Python 程式碼的檔案。
- 套件是包含模組和子套件的目錄。

以下是一些使用 import 指令的範例：

導入整個模組

```
import math
#引入模組，存取該模組中的函數和常數。

math.sqrt    #函數計算平方根
math.pi     #獲取 π 的值。

import math
x = 16
y = math.sqrt(x)
print(y)
```

輸出 4.0，表示數字 16 的平方根為 4。

導入模組中的特定函數或變數

```
from math import sqrt, pi
```

只導入 math 模組中的 sqrt 函數和 pi 變數。

不需要使用 math 前綴來調用這些函數和變數。

重新命名導入的函數或變數

```
from math import sqrt as square_root
```

將 sqrt 函數重新命名為 square_root。這樣做可以使程式碼更易讀,特別是當函數名稱太長或容易混淆時。

導入整個套件

```
import numpy
```

在這個例子中,numpy 套件被導入。這樣做使得我們可以存取該套件中的所有模組和子套件。

實際上還有更多的用法。import 指令是 Python 中非常重要的一部分,因為它使得我們可以使用其他人編寫的程式碼,從而避免重複造輪子。

查詢模組中定義的函數和類別

使用 dir() 函數來查詢模組中定義的函數和類別。例如,要查詢 Python 的 math 模組中定義的所有名稱,可以使用以下語法:

```
import math
print(dir(math))
```

7-7　random 模組

Python 的 random 模組提供了一系列用於生成隨機數的函數。這些函數可用於模擬、加密、遊戲開發等場景中。

以下是常用的 random 模組函數以及它們的使用示例:

範例 random() 函數：生成一個 0 到 1 之間的隨機小數

```
import random
print(random.random())
# output: 0.5248674319607518
```

範例 randint(a, b) 函數：生成一個在 a 和 b 之間的隨機整數（包含 a 和 b）

```
import random
print(random.randint(1, 10))
# output: 6
```

註
- range(a,b) a 到 b 不含 b
- randint(a,b) a 到 b 含 b

範例 choice(seq) 函數：從序列中隨機選擇一個元素

```
import random
fruits = ['apple', 'banana', 'cherry']
print(random.choice(fruits))
# output: banana
```

範例 shuffle(lst) 函數：將串列中的元素隨機排序

```
import random
lst = [1, 2, 3, 4, 5]
random.shuffle(lst)
print(lst)
# output: [3, 1, 2, 5, 4]
```

範例 仿樂透開獎 6 個號碼

```
import random
lst = list(range(1,42))
random.shuffle(lst)
print(lst)
print(lst[:6])
# 執行結果
# [25, 8, 11, 1, 36, 10, 6, 28, 7, 3, 5, 37, 31, 23, 39, 29, 2, 38, 17, 9, 40,
12, 26, 20, 14, 35, 34, 33, 16, 4, 32, 21, 27, 24, 22, 15, 13, 19, 41, 30, 18]
# [25, 8, 11, 1, 36, 10]
```

> **範例** sample(population, k) 函數：從給定的序列或集合中隨機選擇 k 個不同的元素

```
import random
lst = [1, 2, 3, 4, 5]
print(random.sample(lst, 3))
# output: [2, 3, 1]
```

> **範例** uniform(a, b) 函數：生成一個在 a 和 b 之間的隨機小數（包含 a 和 b）

```
import random
print(random.uniform(1, 10))
# output: 4.757966648510661
```

> **範例** randrange(start, stop[, step]) 函數：生成一個從 start 到 stop（不包括 stop）之間，以 step 為增量的隨機整數

```
import random
print(random.randrange(0, 20, 2))
# output: 12
```

7-8 time 模組

Python 的 time 函數是用來處理時間的模組，提供了許多處理時間的方法，讓開發者可以輕鬆地操作時間。

以下是常用例子說明：

> **範例** 獲取當前時間

```
import time
current_time = time.time()
print(current_time)
```

執行結果

```
1649024568.0908816
```

輸出一個時間戳記,表示從 1970 年 1 月 1 日 0 時 0 分 0 秒到現在的秒數。

範例 將時間戳記轉換成時間元組

```
import time
timestamp = time.time()
time_tuple = time.localtime(timestamp)
print(time_tuple)
```

執行結果

```
time.struct_time(tm_year=2023, tm_mon=4, tm_mday=3, tm_hour=1, tm_min=19,
tm_sec=15, tm_wday=0, tm_yday=93, tm_isdst=0)
```
輸出一個時間元組,包含了年、月、日、時、分、秒等資訊。

範例 獲取格式化時間

```
import time
current_time = time.time()
formatted_time = time.strftime('%Y-%m-%d %H:%M:%S',
time.localtime(current_time))
print(formatted_time)
```

執行結果

```
2022-04-03 01:06:15
```

輸出的是一個格式化的時間,按照指定的格式顯示。

範例 獲取程式執行時間

```
import time
start_time = time.time()
# 程式運行區塊
end_time = time.time()
print('Time used:', end_time - start_time)
```

執行結果

```
Time used: 1.123456789
```

可以看到輸出的是程式執行的時間。

◤ **範例** 獲取一年中的第幾天

```python
import time
current_time = time.time()
year_day = time.strftime('%j', time.localtime(current_time))
print(year_day)
```

執行結果

```
093
```

可以看到輸出的是當前時間是一年中的第幾天。

◤ **範例** 延遲執行一段時間

```python
import time
print('start')
time.sleep(2)
print('end')
```

執行結果

```
start
(wait for 2 seconds)
end
```

表示程式會先輸出 "start"，接著等待 2 秒後輸出 "end"。

◤ **範例** 將時間戳轉換為本地時間字串

```python
import time
t = time.time()
print("當前本地時間：", time.ctime(t))
```

執行結果

```
當前本地時間：  Mon Apr  3 01:13:48 2023
```

7-9 Schedule 模組

schedule 是一個 Python 的套件,用來處理定時任務(scheduled jobs)。提供許多方便的方法和類別,可以讓開發者設定、執行、管理不同的定時任務。

schedule 特別適合需要進行定時任務的應用程式,例如定期備份資料庫、發送郵件、更新資料等。

範例 設定定時器,每 5 秒執行一次指定函數

```python
import schedule
import time


def job():
    print("I'm working...")


schedule.every(5).seconds.do(job)


while True:
    schedule.run_pending()
    time.sleep(1)
```

範例 每天定時執行指定函數

```python
import schedule
import time


def job():
    print("Good morning!")


schedule.every().day.at("08:00").do(job)


while True:
    schedule.run_pending()
    time.sleep(1)
```

▶ 範例 ┃ 每週一、三、五定時執行指定函數

```python
import schedule
import time


def job():
    print("It's Monday, Wednesday, or Friday...")


schedule.every().monday.wednesday.friday.at("12:00").do(job)


while True:
    schedule.run_pending()
    time.sleep(1)
```

▶ 範例 ┃ 設定定時器，每小時執行指定函數

```python
import schedule
import time


def job():
    print("It's been an hour...")


schedule.every().hour.do(job)


while True:
    schedule.run_pending()
    time.sleep(1)
```

▶ 範例 ┃ 設定定時器，每個月的第一天執行指定函數

```python
import schedule
import time


def job():
    print("It's the first day of the month...")


schedule.every().month.at("00:01").do(job)


while True:
    schedule.run_pending()
    time.sleep(1)
```

7-10 練習題

1. 寫一個函式，計算兩個數字的和。

2. 寫一個函式，判斷一個數字是否為偶數。

3. 寫一個函式，判斷一個字串是否為迴文。

4. 寫一個函式，將一個整數串列中的所有元素相加。

5. 寫一個函式，找出一個整數串列中的最大值。

6. 寫一個函式，將一個字串中的所有單字反轉。

7. 寫一個函式，計算一個字串中某個字母出現的次數。

8. 寫一個函式，判斷一個整數是否為質數。

9. 寫一個函式，找出一個串列中出現次數最多的元素。

10. 寫一個函式，將一個整數串列中的元素排序，並返回一個新串列。

11. abs() 函式的功能是什麼？如何使用？

12. len() 函式的功能是什麼？如何使用？

13. type() 函式的功能是什麼？如何使用？

14. range() 函式的功能是什麼？如何使用？

15. max() 函式的功能是什麼？如何使用？

16. min() 函式的功能是什麼？如何使用？

17. sum() 函式的功能是什麼？如何使用？

18. round() 函式的功能是什麼？如何使用？

19. 什麼是 Python 模組？

20. 什麼是 Python 套件？

21. 如何使用 import 指令載入模組？

22. 如何使用 from ... import 指令載入模組中的特定函數或類別？

23. 如何在 Python 中查詢模組中定義的函數和類別？

8

CHAPTER

Windows 介面
程式設計

- 視窗
- 標籤
- 按鈕
- 輸入框
- 串列框
- 捲軸
- 選單
- 對話框
- 框架
- 表格式畫面安排

在 Python 中，有幾個不同的程式庫可用於建立 Windows 使用者介面。常見的程式庫有 Tkinter、PyQt、wxPython。

以下是簡單的 Tkinter 例

8-1 視窗

```python
import tkinter as tk
# 建立視窗
root = tk.Tk()


# 啟動主事件迴路
root.mainloop()
```

8-2 標籤

```python
import tkinter as tk
root = tk.Tk()

# 建立標籤
label = tk.Label(root, text="Hello, World!")
label.pack()


root.mainloop()
```

8-3 按鈕

```python
import tkinter as tk
root = tk.Tk()

# 建立按鈕
button = tk.Button(root, text="Click me!")
button.pack()
root.mainloop()
```

8-4 輸入框

```python
import tkinter as tk
root = tk.Tk()

# 建立輸入框
entry = tk.Entry(root)
entry.pack()

root.mainloop()
```

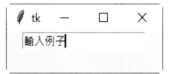

8-5 串列框

```python
import tkinter as tk
root = tk.Tk()

# 建立串列框
listbox = tk.Listbox(root)
listbox.pack()

# 向串列框中添加元素
listbox.insert(tk.END, "Apple")
listbox.insert(tk.END, "Banana")
listbox.insert(tk.END, "Cherry")

root.mainloop()
```

8-6 捲軸

```python
import tkinter as tk
root = tk.Tk()
```

```
# 建立捲軸
scrollbar = tk.Scrollbar(root)
scrollbar.pack(side=tk.RIGHT, fill=tk.Y)

# 建立串列框
listbox = tk.Listbox(root, yscrollcommand=scrollbar.set)
listbox.pack(side=tk.LEFT, fill=tk.BOTH)

# 向串列框中添加元素
for i in range(10)
    listbox.insert(tk.END, "Item %d" % i)

# 設置捲軸與串列框的關聯
scrollbar.config(command=listbox.yview)

root.mainloop()
```

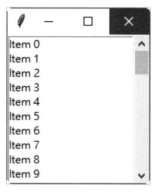

8-7 選單

```
import tkinter as tk
root = tk.Tk()

# 建立選單
menubar = tk.Menu(root)
root.config(menu=menubar)

# 建立文件選單
```

```
file_menu = tk.Menu(menubar)
menubar.add_cascade(label="File", menu=file_menu)

# 向文件選單中添加命令
file_menu.add_command(label="New")
file_menu.add_command(label="Open")
file_menu.add_separator()
file_menu.add_command(label="Exit", command=root.destroy)

root.mainloop()
```

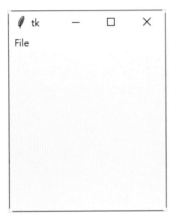

8-8 對話框

```
import tkinter as tk
import tkinter.messagebox as messagebox

root = tk.Tk()

# 定義函數，用於顯示對話框
def show_dialog():
    result = messagebox.askyesno("Title", "Do you like Tkinter?")
    if result:
        messagebox.showinfo("Message", "Great!")
else:
    messagebox.showinfo("Message", "Oh no!")
```

```
# 按鈕觸發對話框
button = tk.Button(root, text="Click me!", command=show_dialog)
button.pack()


root.mainloop()
```

8-9 框架

```
import tkinter as tk
root = tk.Tk()

# 建立框架
frame = tk.Frame(root)
frame.pack()

# 在框架中添加元素
label = tk.Label(frame, text="Hello, World!")
label.pack()

button = tk.Button(frame, text="Click me!")
button.pack()


root.mainloop()
```

8-10 表格式畫面安排

```python
# 表格式畫面安排
import tkinter as tk
root = tk.Tk()

# 設定欄寬度
root.columnconfigure(0, minsize=50)
root.columnconfigure(1, minsize=50)

# 建立表格式畫面安排
label1 = tk.Label(root, text="aaaaa", bg="white", fg="black", borderwidth=1,
relief="solid")
label1.grid(row=0, column=0)

label2 = tk.Label(root, text="bbbbb", bg="white", fg="black", borderwidth=1,
relief="solid")
label2.grid(row=0, column=1)

label3 = tk.Label(root, text="ccccc", bg="yellow", fg="black",
borderwidth=1, relief="solid")
label3.grid(row=1, column=0)

label4 = tk.Label(root, text="ddddd", bg="yellow", fg="black",
borderwidth=1, relief="solid")
label4.grid(row=1, column=1)

root.mainloop()
```

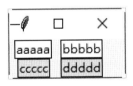

希望這些例子能夠幫助您學習 Tkinter 程式庫！

8-11 練習題

1. 如何在 Tkinter 中建立一個視窗？

2. 如何在 Tkinter 中添加一個標籤？

3. 如何在 Tkinter 中添加一個按鈕？

4. 如何在 Tkinter 中添加一個文字框？

5. 如何在 Tkinter 中添加一個下拉選單？

6. 如何在 Tkinter 中添加一個列表框？

7. 如何在 Tkinter 中添加一個複選框？

8. 如何在 Tkinter 中添加一個單選框？

9. 如何在 Tkinter 中添加一個捲軸？

10. 如何在 Tkinter 中設置視窗標題？

11. 如何在 Tkinter 中設置視窗大小？

12. 如何在 Tkinter 中設置按鈕事件？

13. 如何在 Tkinter 中設置標籤文字顏色？

14. 如何在 Tkinter 中設置標籤背景顏色？

15. 如何在 Tkinter 中設置框架？

16. 如何在 Tkinter 中設置標籤字體大小？

17. 如何在 Tkinter 中設置標籤內容為圖片？

18. 如何在 Tkinter 中設置標籤內容為超連結？

19. 如何在 Tkinter 中設置標籤內容為多行文字？

20. 如何在 Tkinter 中設置輸入框內容為密碼形式？

9

CHAPTER

程式運算邏輯與
解題技巧

- 暴力窮舉法
- 循序搜尋
- 二分搜尋
- 氣泡排序法
- 選擇排序
- 快速排序法
- 篩法
- 遞迴
- 列表推導式 (list comprehension)
- 以字典實作深度優先搜尋（DFS）
- 以字典實作廣度優先搜尋（BFS）
- 趣味及實用題觀摩

程式運算邏輯是指電腦在執行程式時所遵循的邏輯規則和流程。程式設計師需要仔細地設計和測試程式的運算邏輯，以確保程式的執行結果是正確的，同時也要盡可能地提高程式的效率和性能。

9-1 暴力窮舉法

暴力窮舉法可以用來解決許多數學問題，其中著名的問題是「完全數」問題。

完全數是指正整數等於它的因子之和，例如 6 = 1 + 2 + 3 就是完全數。

完全數

下面是使用暴力窮舉法來找出所有小於某個數的完全數的 Python 程式碼：

```python
def find_perfect_numbers(n):
    perfect_numbers = []
    for i in range(1, n):
        factors = []
        for j in range(1, i):
            if i % j == 0:
                factors.append(j)
        if sum(factors) == i:
            perfect_numbers.append(i)
    return perfect_numbers
```

這個函數接收整數 n，然後透過兩個迴路的循環來暴力窮舉所有小於 n 的正整數。對於每個正整數 i，我們再使用迴路來找出它的因子。如果因子的和等於 i，則將 i 加入完全數串列中。

當輸入的數字非常大時，效率會非常差。在這種情況下，可以使用其他更有效的方法來優化演算法，例如使用質因數分解或者試除法等技術。

柏林邏輯思考題目

- 據說是 1981 年柏林的某學院的邏輯思考題目

- 有五間房屋排成一列所有的房屋外表顏色都不一樣。

- 所有的屋主都來自不同國家 所有的屋主都養不同的寵物、喝不同 的飲料、跟抽不同牌的香煙。

- 英國人住在紅色房屋裡、瑞典人養了一隻狗、丹麥人喝茶。

- 綠色的房子在白色房子的左邊、綠色房屋的屋主喝咖啡、抽 Pall Mall 香煙的屋主養鳥、黃色屋主抽 Dunhill。

- 位於最中間的屋主喝牛奶，挪威人住在第一間房屋裡，抽 Blend 的人住在養貓人家的隔壁、養馬的屋主隔壁住抽 Dunhill 的人家。

- 抽 Blue Master 的屋主他喝啤酒，德國人他抽 Prince。

- 挪威人住在藍色房子隔壁、只喝開水的人家住在抽 Blend 的隔壁。

- 請問誰養斑馬？

第一版程式

```
houses = ["紅", "綠", "白", "黃", "藍"]
pets = ["狗", "鳥", "貓", "馬", "斑馬"]
drinks = ["茶", "咖啡", "啤酒", "牛奶", "開水"]
cigarettes = ["Pall", "Blend", "Dunhill", "Blue", "Prince"]
countries = ["英國", "德國", "挪威", "瑞典", "丹麥"]
c = 0

for house in houses:
    for pet in pets:
        for drink in drinks:
            for cigarette in cigarettes:
                for country in countries:
                    c += 1
                    print(c, ":" + country + '人，住' + house + '色房子，養'
+ pet + '，喝' + drink +'，'+ '抽' + cigarette + '煙')
```

第一版結果

```
...
...
3123 :挪威人，住藍色房子，養斑馬，喝開水，抽 Prince 煙
3124 :瑞典人，住藍色房子，養斑馬，喝開水，抽 Prince 煙
3125 :丹麥人，住藍色房子，養斑馬，喝開水，抽 Prince 煙
我們窮舉所有可能狀況，共 3125 種
```

第二版程式

```
for house in houses:
    for pet in pets:
        for drink in drinks:
            for cigarette in cigarettes:
                for country in countries:
                    if pet != "斑馬":
                        break
                    c += 1
                    print(c, ":" + country + '人，住' + house + '色房子，養'
+ pet + '，喝' + drink +'，'+ '抽' + cigarette + '煙')
```

第二版結果

```
...
...
623 :挪威人，住藍色房子，養斑馬，喝開水，抽 Prince 煙
624 :瑞典人，住藍色房子，養斑馬，喝開水，抽 Prince 煙
625 :丹麥人，住藍色房子，養斑馬，喝開水，抽 Prince 煙
我們窮舉所有可能狀況，但只留養斑馬的，共 625 種
```

第三版程式

```
houses = ["紅", "綠", "白", "黃", "藍"]
pets = ["狗", "鳥", "貓", "馬", "斑馬"]
drinks = ["茶", "咖啡", "啤酒", "牛奶", "開水"]
cigarettes = ["Pall", "Blend", "Dunhill", "Blue", "Prince"]
countries = ["英國", "德國", "挪威", "瑞典", "丹麥"]
c = 0
```

```
for house in houses:
    for pet in pets:
        for drink in drinks:
            for cigarette in cigarettes:
                for country in countries:
                    if pet != "斑馬":
                        break
                    if (house != "紅" and country == "英") or (house == "
紅" and country != "英"):
                        break
                    if (pet != "狗" and country == "瑞") or (pet == "狗" and
country != "瑞"):
                        break
                    if (drink != "茶" and country == "丹") or (drink == "
茶" and country != "丹"):
                        break
                    c += 1
                    print(c, ":" + country + '人，住' + house + '色房子，養'
+ pet + '，喝' + drink +'，'+ '抽' + cigarette + '煙')
```

第三版結果

```
…
…
398 :挪威人，住藍色房子，養斑馬，喝開水，抽 Prince 煙
399 :瑞典人，住藍色房子，養斑馬，喝開水，抽 Prince 煙
400 :丹麥人，住藍色房子，養斑馬，喝開水，抽 Prince 煙
```
我們窮舉所有可能狀況，但再加入前 3 個條件去掉不符合部分，剩 400 種

第四版程式

```
countrys = ['丹麥','英國','瑞典','德國','挪威']
animals = ['狗','斑馬','貓','鳥','魚']
drinks = ['茶','啤酒','咖啡','牛奶','水']
houses = ['紅','黃','白','綠','藍']
smokes = ['Prince','Blue Master','Blend','Dunhill','Pall Mall']

a = []
count = 0
for country in countrys:
```

```
        for animal in animals:
            for drink in drinks:
                for house in houses:
                    for smoke in smokes:
                        # 請問誰養斑馬？
                        if animal != '斑馬':continue
                        # 1 英國人住在紅色房屋裡
                        if country == '英國' and house != '紅':continue
                        if country != '英國' and house == '紅':continue
                        # 2 瑞典人養了一隻狗
                        if country == '瑞典' and animal != '狗':continue
                        if country != '瑞典' and animal == '狗':continue
                        # 3 丹麥人喝茶
                        if country == '丹麥' and drink != '茶':continue
                        if country != '丹麥' and drink == '茶':continue
                        # 4 綠色的房子在白色房子的左邊
                        if house == '綠' and (houses.index('白') - houses.index("
綠")) != 1:continue
                        if house == '白' and (houses.index('白') - houses.index("
綠")) != 1:continue
                        # 5 綠色房屋的屋主喝咖啡
                        if house == '綠' and drink != '咖啡':continue
                        if house != '綠' and drink == '咖啡':continue
                        # 6    抽 Pall Mall 香煙的屋主養鳥
                        if animal == '鳥' and smoke != 'Pall Mall':continue
                        if animal != '鳥' and smoke == 'Pall Mall':continue
                        # 7 黃色屋主抽 Dunhill
                        if house == '黃' and smoke != 'Dunhill':continue
                        if house != '黃' and smoke == 'Dunhill':continue
                        # 8 位於最中間的屋主喝牛奶
                        if drink == '牛奶' and drinks.index(drink) != 2:continue
                        # 9 挪威人住在第一間房屋裡
                        if house=='挪威' and houses.index('挪威') !=0:continue
                        # 10 抽 Blend 的人住在養貓人家的隔壁
                        if smoke == 'Blend' and abs(animals.index(animal) -
animals.index("貓")) != 1:continue

                        # 12   抽 Blue Master 的屋主他喝啤酒
                        if drink != '啤酒' and smoke == 'blue master':continue
```

```
                    if drink == '啤酒' and smoke != 'blue master':continue
                    # 13 德國人他抽 Prince
                    if country == '德國' and smoke != 'prince':continue
                    if country != '德國' and smoke == 'prince':continue
                    # 14 挪威人住在藍色房子隔壁
                    if country == '挪威' and abs(houses.index(house) -
houses.index("藍")) != 1:continue
                    if animal == '斑馬' and abs(smokes.index(smoke) -
smokes.index("Dunhill")) != 1:continue
                    # 15 只喝開水的人家住在抽 Blend 的隔壁
                    if drink == '水' and abs(smokes.index(smoke) -
smokes.index("Blend")) != 1:continue

                    # 11 養斑馬的屋主隔壁住抽 Dunhill 的人家 -- 無法符合
                    # if animal == '斑馬' and
abs(smokes.index(smoke)-smokes.index('Dunhill'))!=-1:continue

                    count +=1
                    t =str(count)+': ' + country+'人，養' + animal +'，喝'+
drink+'，住'+ house+'色房子，'+'抽'+ smoke+'煙'
                    a.append(t)
for i in a:
    print(i)
```

執行結果

1: 丹麥人，養斑馬，喝茶，住藍色房子，抽 Blend 煙
2: 英國人，養斑馬，喝啤酒，住紅色房子，抽 Blend 煙

但：若把條件 #11 註解拿掉，我們窮舉所有可能狀況，加入所有條件，剩 0 筆資料，所以並沒有狀況符合所有條件。

程式說明：

1. if country == '挪威' and abs(houses.index(house) - houses.index("藍")) != 1:continue 處理挪威人住在第一間房屋裡，否則跳離迴圈。

2. if drink == '水' and abs(smokes.index(smoke) - smokes.index("Blend")) != 1:continue 處理只喝開水的人家，住在抽 Blend 的隔壁，否則跳離迴圈。

9-2 循序搜尋

循序搜尋（Sequential Search），也稱為線性搜尋（Linear Search），是一種簡單直觀的搜索演算法。它通常用於尋找元素是否在串列中出現，並且不需要對串列進行排序。

循序搜尋演算法的基本想法是從串列的第一個元素開始，依次將每個元素與目標元素進行比較，直到找到目標元素或搜索完整個串列為止。如果目標元素存在於串列中，則返回它的索引位置；否則返回 -1。

下面是使用 Python 語言實現循序搜尋的例子：

```python
def linear_search(arr, target):
    for i in range(len(arr)):
        if arr[i] == target:
            return i
    return -1
```

這個函數接受串列 arr 和目標元素 target，然後透過迴路來追蹤整個串列 arr，尋找目標元素。如果找到目標元素，則返回它的索引位置；否則返回 -1。

串列很長時，循序搜尋的效率會比較低。

9-3 二分搜尋

二分搜尋（Binary Search）是一種常見的搜索演算法，可以用來在有序串列中快速查找目標值。

演算法的邏輯為

1. 先找到串列的中間位置，然後將目標值與中間值進行比較。

2. 如果目標值等於中間值，則找到了目標值，演算法結束；

3. 如果目標值小於中間值，則在串列的左半部分進行搜索；如果目標值大於中間值，則在串列的右半部分進行搜索。

4. 重複這個過程，直到找到目標值或者確定目標值不存在於串列中為止。

以下是使用 Python 實現的二分搜尋演算法：

```python
def binary_search(nums, target):
    left, right = 0, len(nums) - 1
    while left <= right:
        mid = (left + right) // 2
        if nums[mid] == target:
            return mid
        elif nums[mid] < target:
            left = mid + 1
        else:
            right = mid - 1
    return -1
```

這個函數接收有序串列 nums 和目標值 target，並返回目標值在串列中的索引。如果目標值不存在於串列中，則返回 -1。

函數使用 while 迴路來實現二分搜尋的過程。

1. 在每次循環中，計算出串列的中間位置 mid，然後比較目標值和中間值的大小關係。

2. 如果目標值等於中間值，則找到了目標值，返回中間位置；

3. 如果目標值小於中間值，則在左半部分繼續搜索，將右邊界更新為 mid - 1；

4. 如果目標值大於中間值，則在右半部分繼續搜索，將左邊界更新為 mid + 1。

要注意這種方法的前提是串列必須是有序的，如果串列是無序的，則需要先進行排序。

9-4 氣泡排序法

氣泡排序法（Bubble Sort）是一種簡單直觀的排序算法，其基本想法是透過交換相鄰兩個元素的位置，來不斷地將未排序的元素中最大（或最小）的數值移到最後（或最前）的位置，從而實現排序的目的。

具體實現方法如下

1. 比較相鄰的兩個元素。如果前者比後者大（或小），則交換它們的位置。

2. 對每一對相鄰的元素進行比較和交換，直到最後一對元素。這樣一次追蹤後，最後元素會是串列中的最大（或最小）元素。

3. 追蹤剩下的元素，重複進行步驟 1 和 2，直到整個串列有序為止。

下面是使用 Python 語言實現氣泡排序演算法的例子：

```python
def bubble_sort(arr):
    n = len(arr)
    for i in range(n):
        for j in range(n-i-1):
            if arr[j] > arr[j+1]:
                arr[j], arr[j+1] = arr[j+1], arr[j]
    return arr
```

1. 外層迴路用來追蹤串列中的每個元素。

2. 內層迴路用來比較相鄰的元素並交換它們的位置。

3. 內層迴路每次追蹤的範圍是串列中未排序的元素。

當串列很長時，氣泡排序的效率會比較低。在這種情況下，可以使用其他更高效的排序演算法，例如快速排序、合併排序等技術。

9-5 選擇排序

選擇排序是一種簡單的排序演算法，基本想法是

1. 選擇最小的元素，然後與串列中的第一個元素進行交換，

2. 接著在剩下的元素中再選擇最小的元素，與串列中的第二個元素進行交換，

3. 以此類推，直到整個串列排序完成。

```python
def selection_sort(arr):
    n = len(arr)
    for i in range(n):
        min_idx = i
        for j in range(i+1, n):
```

```
            if arr[j] < arr[min_idx]:
                min_idx = j
        arr[i], arr[min_idx] = arr[min_idx], arr[i]
    return arr
```

例子中，使用雙重循環來實現選擇排序。

1. 外部循環用於選擇要放置的位置。

2. 內部循環則用於查找最小值。

3. 在每次內部循環結束後，我們會將最小值與當前位置進行交換。

4. 在大多數情況下，它比插入排序和氣泡排序更快。

9-6 快速排序法

快速排序（Quick Sort）是一種基於分治法的高效排序演算法，由 Tony Hoare 於 1960 年提出。

1. 邏輯是選擇基準元素，然後透過將其他元素劃分為兩個子序列來進行排序。

2. 其中子序列的所有元素均小於基準元素，另一個子序列的所有元素均大於基準元素。

3. 然後對這兩個子序列遞迴進行快速排序，直到所有子序列的元素個數為 1 或 0 為止。

下面是使用 Python 語言實現快速排序演算法的例子：

```
def quick_sort(arr):
    if len(arr) <= 1:
        return arr
    pivot = arr[0]
    left = []
    right = []
    for i in range(1, len(arr)):
        if arr[i] < pivot:
```

```
            left.append(arr[i])
        else:
            right.append(arr[i])
    return quick_sort(left) + [pivot] + quick_sort(right)
```

1. 函數接受串列 arr，然後選擇第一個元素作為基準元素 pivot。

2. 透過將其他元素劃分為兩個子序列 left 和 right 來進行排序，其中 left 子序列的所有元素均小於 pivot，而 right 子序列的所有元素均大於等於 pivot。

3. 對這兩個子序列遞迴地進行快速排序，最後將排序後的 left 子序列、pivot 和 right 子序列合併起來。

當串列很大時，快速排序的效率通常比其他排序演算法更好。但是在某些特殊情況下，例如串列已經排好序或者串列中存在大量相同元素時，快速排序的效率可能會降低。

9-7 篩法

篩法（Sieve of Eratosthenes）是一種用於找出一定範圍內所有質數的方法。它的名字來自古希臘數學家埃拉托色尼（Eratosthenes）。

篩法的基本想法是從小到大追蹤每個數字，如果這個數字還沒有被標記為非質數，那麼就把它標記為質數，然後把它的倍數都標記為非質數。這樣追蹤完所有數字後，所有未被標記為非質數的數字就都是質數。

篩法求質數

```
p = [2,3,5,7]
n = 100
for k in range(2):
    d = list(range(2,n+1))

    for i in p:
        for j in d:
            if j%i ==0:
                d.remove(j)
```

```
    d =p + d
    print(d[:10],'...',d[-10:])


    n = n * 100
    p = d
```

執行結果

```
# [2, 3, 5, 7, 11, 13, 17, 19, 23, 29] ... [53, 59, 61, 67, 71, 73, 79, 83,
89, 97]
# [2, 3, 5, 7, 11, 13, 17, 19, 23, 29] ... [9887, 9901, 9907, 9923, 9929, 9931,
9941, 9949, 9967, 9973]
```

這段程式碼使用篩法（Sieve of Eratosthenes）來找出指定範圍內的所有質數，其中的變數解釋如下：

- p：包含已知的質數的串列，初始值為 [2, 3, 5, 7]。

- n：最大值，初始值為 100。

- k：迴圈計數器，從 0 開始，進行兩次迴圈。

- d：包含所有可能的質數的串列，初始值為從 2 到 n 的所有數字。

- i：表示 p 串列中的元素，用來篩選 d 串列中的數字。

- j：表示 d 串列中的元素，需要進行篩選。

程式說明：

1. if j % i == 0：如果 j 可以整除 i，那麼 j 不是質數，因此要從 d 串列中刪除。

2. d = p + d：將已知的質數串列 p 和篩選後的可能質數串列 d 相結合，得到所有的質數。

3. print(d[:10],'...',d[-10:])：列印出前十個和後十個質數。

4. n = n * 100：將 n 的值增加一百倍，下一次迭代中會找出更多的質數。

5. p = d：更新已知的質數串列，以便在下一次迭代中使用。

6. 程式碼執行的結果是，在第一次迭代中找到了從 2 到 100 的所有質數，第二次迭代中找到了從 2 到 10000 的所有質數。

7. 在第一次迭代後，p 變成了從 2 到 100 的所有質數，這些質數被用於篩選第二次迭代中的可能質數串列 d。在第二次迭代後，p 變成了從 2 到 10000 的所有質數，這些質數可以用於進一步的計算。

9-8 遞迴

遞迴是指一個函數在其定義中呼叫自身的過程。遞迴函數通常包括了一個或多個基本情況（base case）和一個或多個遞迴情況（recursive case）。當函數在遞迴情況下呼叫自身時，它會不斷地將問題分解成更小的子問題，直到最終達到基本情況。

在設計遞迴演算法時，需要考慮以下幾點：

1. 基本情況：確定何時遞迴應該終止，通常是當問題已經被簡化到足夠小的規模時。

2. 遞迴情況：確定如何將原問題分解成更小的子問題，以便可以應用相同的算法來解決它們。

3. 遞迴的時間、空間考量：確定每次遞迴所需要的時間和空間，以避免出現過多的遞迴深度和重複運算。

範例 計算階乘

```python
def factorial(n):
    if n == 0:
        return 1
    else:
        return n * factorial(n-1)
```

範例 計算冪

```python
def power(base, exponent):
    if exponent == 0:
        return 1
    else:
        return base * power(base, exponent-1)
```

範例 計算費式數列

```python
def fibonacci(n):
    if n <= 1:
        return n
    else:
        return fibonacci(n-1) + fibonacci(n-2)
```

範例 反轉字串

```python
def reverse_string(s):
    if len(s) == 0:
        return s
    else:
        return reverse_string(s[1:]) + s[0]
```

範例 將數字轉換為字串

```python
def to_string(n):
    if n < 10:
        return str(n)
    else:
        return to_string(n//10) + str(n%10)
```

範例 求最大公因數

```python
def gcd(a, b):
    if b == 0:
        return a
    else:
        return gcd(b, a%b)
```

範例 判斷迴文字串

```python
def is_pd(s):
    if len(s) <= 1:
        return True
    else:
        return s[0] == s[-1] and is_pd(s[1:-1])
```

範例 檢查數字是否為迴文

```
def is_pd_number(n):
    if n < 10:
        return True
    else:
        digits = str(n)
        return digits[0] == digits[-1] and is_pd_number(int(digits[1:-1]))
```

範例 找出串列中的最大值

```
def find_max(lst):
    if len(lst) == 1:
        return lst[0]
    else:
        return max(lst[0], find_max(lst[1:]))
```

範例 漢諾塔

```
def hanoi(n, from_disk, to_disk, aux_disk):
    if n == 1:
        print(f"Move disk 1 from disk {from_disk} to disk {to_disk}")
        return
    hanoi(n-1, from_disk, aux_disk, to_disk)
    print(f"Move disk {n} from disk {from_disk} to disk {to_disk}")
    hanoi(n-1, aux_disk, to_disk, from_disk)

hanoi(1,'a','b','c')
print()
hanoi(3,'a','b','c')
```

遞迴函數常用於解決數學、資訊科學、自然語言處理等領域的問題。

9-9 列表推導式（list comprehension）

列表推導式是一種簡潔且強大的構造，可以快速建立新的列表，並透過對現有列表中的元素應用一些操作和條件，將其轉換為新列表中的元素。使用列表推導式可以使代碼更簡潔、易讀和易於維護。

列表推導式的基本語法是在一對方括號中包含一個表示式，該表示式描述了如何轉換現有列表中的元素。表示式後面可以跟著一個可選的條件，以過濾不符合條件的元素。

範例 將數字串列中的每個元素加倍

```
numbers = [1, 2, 3, 4, 5]
doubled_numbers = [num * 2 for num in numbers]
print(doubled_numbers) # Output: [2, 4, 6, 8, 10]
```

範例 從字串串列中選擇長度大於 5 的單字

```
words = ['apple', 'banana', 'pear', 'watermelon', 'orange']
long_words = [word for word in words if len(word) > 5]
print(long_words) # Output: ['banana', 'watermelon', 'orange']
```

範例 建立一個由範圍 1 到 10 中的偶數組成的串列

```
even_numbers = [num for num in range(1, 11) if num % 2 == 0]
print(even_numbers) # Output: [2, 4, 6, 8, 10]
```

範例 產生一個由字母字串的每個字母的大寫和小寫版本組成的串列

```
string = 'Hello, World!'
letters = [char.upper() + char.lower() for char in string if char.isalpha()]
print(letters) # Output: ['Hh', 'Ee', 'Ll', 'Ll', 'Oo', 'Ww', 'Oo', 'Rr',
'Ll', 'Dd']
```

範例 從串列中選擇大於平均值的數字

```
numbers = [1, 5, 8, 10, 15, 20]
average = sum(numbers) / len(numbers)
above_average = [num for num in numbers if num > average]
print(above_average) # Output: [10, 15, 20]
```

▸ **範例** 建立一個由 5 個隨機整數組成的串列

```
import random
random_numbers = [random.randint(1, 10) for _ in range(5)]
print(random_numbers) # Output: [5, 1, 7, 2, 8]
```

▸ **範例** 從串列中選擇所有奇數元素的索引

```
numbers = [3, 8, 2, 9, 4, 1]
odd_indices = [i for i in range(len(numbers)) if numbers[i] % 2 != 0]
print(odd_indices) # Output: [0, 3, 5]
```

▸ **範例** 建立一個由單字字串的每個字母組成的集合

```
words = ['apple', 'banana', 'pear']
letters = {char for word in words for char in word}
print(letters) # Output: {'r', 'p', 'l', 'a', 'n', 'e', 'b'}
```

▸ **範例** 將二維串列成一維串列

```
matrix = [[1, 2, 3], [4, 5, 6], [7, 8, 9]]
flat_matrix = [num for row in matrix for num in row]
print(flat_matrix) # Output: [1, 2, 3, 4, 5, 6, 7, 8, 9]
```

▸ **範例** 建立一個由字典鍵和值交換的新字典

```
my_dict = {'a': 1, 'b': 2, 'c': 3}
new_dict = {value: key for key, value in my_dict.items()}
print(new_dict) # Output: {1: 'a', 2: 'b', 3: 'c'}
```

▸ **範例** 取得一個字典中所有值不為 None 的值

```
valid_values = [value for value in my_dict.values() if value is not None]
```

求質因數

質因數是指一個正整數的因數中，只有 1 和自身的因數。

需要先找出該正整數的所有因數。使用 range 函數來生成 1 到該正整數的所有自然數，然後使用串列式來篩選出該正整數的所有因數。程式碼如下：

```
def factors(n):
    factors = [i for i in range(1, n+1) if n % i == 0]
    return factors   # 傳回所有因數


n = 60   # 要找出 60 的質因數
prime_factors = [i for i in range(1,n+1) if n%i==0 and len(factors(i))==2 ]
# 找出 n 的所有質因數
print(prime_factors)   # 印出所有質因數
```

列表式（list comprehension）求質數

```
prime_numbers = [num for num in range(2, n) if all(num % i != 0 for i in range(2,
int(num**0.5)+1))]
```

1. 在這個串列式中，使用 range 函數建立一個從 2 到 n-1 的數字範圍。

2. 用 if 語句來篩選出質數。

3. all 函數的作用是檢查一個串列中的所有元素是否都為 True，如果是，則返回 True，否則返回 False。這裡使用 all 函數來檢查每個數字是否都沒有除了 1 和它本身以外的其他因數。

4. 為了檢查一個數字是否有其他因數，使用了一個 for 循環來追蹤 2 到該數字平方根之間的數字，並使用取餘運算符（%）來檢查是否有其他因數。

5. 將找到的所有質數存儲在一個名為 prime_numbers 的串列中。

9-10 以字典實作深度優先搜尋（DFS）

DFS 代表深度優先搜尋，是一個常見的演算法，用於追蹤或搜索圖形或樹狀結構。在 Python 中，可以使用遞迴或使用堆疊來實現 DFS。

以下是使用遞迴在 Python 中實現 DFS 的範例：

```python
# 定義圖形為一個字典
graph = {
    'A': ['B', 'C'],
    'B': ['D', 'E'],
    'C': ['F'],
    'D': [],
    'E': ['F'],
    'F': []
}

visited = set()  # 集合用於追蹤已訪問的節點

def dfs(visited, graph, node):
    if node not in visited:
        print(node, end=' ')
        visited.add(node)
        for neighbor in graph[node]:
            dfs(visited, graph, neighbor)

# 主要程式碼
print("DFS Traversal:")
dfs(visited, graph, 'A')
```

程式碼中，首先定義圖形為一個字典，其中每個鍵表示一個節點，其值是其相鄰節點的清單。然後，建立一個空的集合來追蹤已訪問的節點。

dfs 函式是一個遞迴函式，接收已訪問過的集合、圖形和目前節點。如果目前節點尚未訪問過，它會輸出節點值，將其添加到已訪問的集合中，並在所有相鄰節點上遞迴呼叫 dfs 函式。

在主要程式碼中，我們呼叫 dfs 函式，並以節點 'A' 為起點，輸出將是從節點 'A' 開始的圖形的 DFS 追蹤。

9-11 以字典實作廣度優先搜尋（BFS）

廣度優先搜尋（BFS）是一種廣泛使用的演算法，用於追蹤或搜索圖形或樹狀資料結構。BFS 從起點開始，按照節點的層次依序追蹤整個圖形或樹狀結構，也就是先追蹤起點的所有鄰居節點，再追蹤這些節點的鄰居節點，以此類推，直到追蹤完整個圖形或樹狀結構。在 Python 程式語言中，您可以使用佇列（queue）來實現 BFS。

以下是使用佇列在 Python 中實現 BFS 的範例程式碼：

```python
# 將圖形定義為字典
graph = {
    'A': ['B', 'C'],
    'B': ['D', 'E'],
    'C': ['F'],
    'D': [],
    'E': ['F'],
    'F': []
}


visited = set()   # 集合用於追蹤已訪問的節點
queue = []   # 佇列用於按層次追蹤節點


def bfs(visited, graph, node):
    visited.add(node)
    queue.append(node)

    while queue:
        s = queue.pop(0)   # 取出佇列的第一個節點
        print(s, end=' ')

        for neighbor in graph[s]:
            if neighbor not in visited:
                visited.add(neighbor)
                queue.append(neighbor)

# 主程式
print("BFS Traversal:")
bfs(visited, graph, 'A')
```

在此程式中，首先將圖形定義為一個字典，其中每個鍵表示一個節點，其值是其相鄰節點的串列。然後，建立一個空集合來追蹤已訪問的節點，以及一個空佇列來存儲待處理的節點。

bfs 函數將起始節點添加到已訪問集合和佇列中。當佇列不為空時，它從佇列中取出下一個節點，印出節點值並在已訪問集合中添加它。然後，它檢查節點的相鄰節點，如果它們尚未被訪問過，則將它們添加到佇列和已訪問集合中。

在主程式中，在起始節點"A"上呼叫 bfs 函數。輸出結果將是從節點"A"開始的廣度優先追蹤結果，即"A"，"B"，"C"，"D"，"E"，"F"。

二元樹(Binary Tree)

二元樹(Binary Tree)是一種樹狀結構，每個節點最多只能有兩個子節點。通常將左子節點稱為左子樹，右子節點稱為右子樹。

以下是二元樹的範例：

```
#           1
#         /   \
#        2     3
#       / \   / \
#      4   5 6   7
```

其中根節點為 1，左子樹為 2，右子樹為 3 ...。

二元樹通常使用指標或引用的方式實現，每個節點通常包含三個屬性：值(value)、左子節點(left)和右子節點(right)。

```python
# 定義二元樹節點
class Node:
    def __init__(self, val=0, left=None, right=None):
        self.val = val
        self.left = left
        self.right = right
```

其中，TreeNode 表示二元樹的節點，val 表示節點的值，left 和 right 分別表示節點的左右子節點。

建立上述二元樹的 Python 程式碼範例如下：

```
# 建立二元樹
#      1
#     / \
#    2   3
#   / \ /
#  4  5 6
root = Node(1)
root.left = Node(2)
root.right = Node(3)
root.left.left = Node(4)
root.left.right = Node(5)
root.right.left = Node(6)
```

深度優先 DFS 搜尋法

深度優先搜尋（DFS）是一種用來追蹤或搜尋樹狀結構或圖形的演算法。

假設有一個圖形如下所示：

```
#   A
#  / \
# B   C
#    / \
#   D   E
```

以 DFS 的方式追蹤這個圖形的過程可以描述為：

```
# 從節點 A 開始追蹤，將 A 標記為已訪問。
# 追蹤 A 的相鄰節點 B，將 B 標記為已訪問。
# 因為 B 沒有相鄰的未訪問節點，返回 A。
# 追蹤 A 的相鄰節點 C，將 C 標記為已訪問。
# 追蹤 C 的相鄰節點 D，將 D 標記為已訪問。
# 因為 D 沒有相鄰的未訪問節點，返回 C。
# 追蹤 C 的相鄰節點 E，將 E 標記為已訪問。
# 因為 E 沒有相鄰的未訪問節點，返回 C。
# 因為 C 的所有相鄰節點都已訪問過，返回 A。
# 追蹤完整個圖形。
```

在上面的例子中，DFS 的追蹤順序是 A、B、C、D、E。在追蹤過程中，每個節點都被標記為已訪問，以避免重複訪問。

範例 使用深度優先搜尋演算法走訪二元樹

```python
# 定義二元樹節點
class Node:
    def __init__(self, val=0, left=None, right=None):
        self.val = val
        self.left = left
        self.right = right

# 深度優先搜尋演算法
def dfs(node):
    if not node:
        return
    print(node.val,end=' ')
    dfs(node.left)
    dfs(node.right)

# 建立節點
root = Node(1)
nodedata = [0,1,2,3,4,5,6,7]
node = [Node(i) for i in nodedata]

# 連接節點
root.left = node[2]
root.right = node[3]
node[2].left = node[4]
node[2].right = node[5]
node[3].left = node[6]
node[3].right = node[7]

dfs(root)
```

執行結果

```
#1 2 4 5 3 6 7
```

廣度優先 BFS 搜尋法

BFS 法是一種廣度優先搜尋演算法，常被用於解決圖形問題。它通常從圖中的一個起點開始，逐層地搜尋相鄰的節點，直到找到目標節點或者所有節點都被搜尋過。

BFS 法優先搜索離起點近的節點，因此可以找到從起點開始的最短路徑。

BFS 法從起點開始搜尋，將其所有相鄰的節點加入一個佇列中，並將這些節點的狀態設為「已搜尋」。然後，從佇列中取出一個節點，檢查其是否是目標節點，如果是則搜尋結束，否則將其所有相鄰的未搜尋節點加入佇列中。重複這個過程，直到佇列中沒有未搜尋節點或者找到目標節點為止。

BFS 法可以保證找到從起點開始的最短路徑，但是其空間複雜度較高，需要維護一個佇列。此外，如果圖中存在環路，BFS 法可能會陷入無限循環，因此需要對已搜尋的節點進行標記，避免重複搜尋。

以下為以 BFS 法改寫的程式碼，使用佇列來實作：

```python
# 定義二元樹節點
class Node:
    def __init__(self, val=0, left=None, right=None):
        self.val = val
        self.left = left
        self.right = right


# 廣度優先搜尋演算法
def bfs(node):
    if not node:
        return

    queue = [node]

    while queue:
        cur_node = queue.pop(0)
        print(cur_node.val, end=' ')

        if cur_node.left:
            queue.append(cur_node.left)

        if cur_node.right:
```

```
                queue.append(cur_node.right)

# 建立節點
root = Node(1)
nodedata = [0,1,2,3,4,5,6,7]
node = [Node(i) for i in nodedata]

# 連接節點
root.left = node[2]
root.right = node[3]
node[2].left = node[4]
node[2].right = node[5]
node[3].left = node[6]
node[3].right = node[7]

bfs(root)
```

執行結果

```
# 1 2 3 4 5 6 7
```

以上程式碼為以 BFS 法改寫的範例，執行結果，順序為樹的廣度優先順序。

二元搜尋樹

二元搜尋樹（Binary Search Tree）是一種常見的資料結構，其特點是可以快速地插入、刪除、查找元素，並且能夠保持元素有序。

在二元搜尋樹中，每個節點最多有兩個子節點，且左子樹中的所有元素小於節點中的元素，右子樹中的所有元素大於節點中的元素。

以下是二元搜尋樹範例：

```
# 建立樹的節點
class Node(object):
    # 初始為 None
    def __init__(self):
        self.left = None
        self.right = None
```

```
        self.data = None

# 插入節點至二元搜尋樹中
def insertion(val):
    # 如果是第一個節點
    if(root.data==None):
        print(val," Inserted as root")
        root.data=val
    # 如果不是第一個節點
    else:
        # 尋找空節點
        p=root

        # 建節點放資料
        n = Node()
        n.data=val

        # 找到正確位址
        while(1):
            # 比節點資料小，資料將插入至左子樹
            if(val<p.data):
                if(p.left==None):
                    print(val," Inserted on left of ",p.data)
                    p.left=n
                    break
                else:
                    p=p.left
            # 比節點資料大，資料將插入至右子樹
            else:
                if(p.right==None):
                    print(val," Inserted on right of",p.data)
                    p.right=n
                    break
                else:
                    p=p.right

root = Node()
insertion(3)
insertion(5)
```

```
insertion(7)
insertion(2)
insertion(1)
insertion(6)

# 執行後二元搜尋樹型
    #        3
    #       / \
    #      2   5
    #     /     \
    #    1       7
    #          /
    #         6

def inorder(node):
    if node:
    # 追蹤左子樹
        inorder(node.left)
    # 輸出資料
        print(node.data,end= ' ')
    # Traversing right subtree
    # 追蹤右子樹
        inorder(node.right)

inorder(root)
```

執行結果

```
# 1 2 3 5 6 7
print()

def postorder(node):
    if node:
        # 蹤左子樹
        postorder(node.left)
        # 蹤右子樹
        postorder(node.right)
        # 印出資料
```

```
            print(node.data,end=' ')

    postorder(root)
```

執行結果

```
# 1 2 6 7 5 3
print()

def preorder(node):
    if node:
    # Visiting node
        # 輸出資料
        print(node.data,end = ' ')
        # 追蹤左子樹
        preorder(node.left)
        # 追蹤右子樹
        preorder(node.right)
```

執行結果

```
# 3 2 1 5 7 6
```

9-12 趣味及實用題觀摩

題目 凱撒編碼

```
# 以下是使用 Python 實現凱撒編碼的範例，只考慮英文字母的編碼：
def caesar_cipher(text, shift):
    """
    將給定的文字使用凱撒編碼進行加密或解密
    text：要進行加密或解密的文字
    shift：移位的數量，正整數為向右移動，負整數為向左移動
    回傳加密或解密後的文字
    """
    result = ""
    # 逐一處理每個字元
    for char in text:
```

```
        code = ord(char) + shift
        # 將編碼值轉換為字元並加入結果字串
        result += chr(code)
    return result
# 使用方法：
# 加密文字 "I love you"，移位量為 3
encrypted = caesar_cipher("I love you", 3)
print(encrypted)   # "L#oryh#|rx"

# 解密密文 "L#oryh#|rx"，移位量為 -3
decrypted = caesar_cipher("L#oryh#|rx", -3)
print(decrypted)   # "I love you"
```

函式 caesar_cipher() 用 code = ord(char) + shift 指令達成移位、編碼、解碼效果。

題目 | 這一天是西元？年的第？天

```
print("請輸入日期\n 例如：'1970/01/01'")

date = input()
y,m,d = map(int,date.split("/"))
print(y,m,d)

# 判斷是否為閏年
is_leap_year = False
if y%4==0: is_leap_year = True
if y%100==0: is_leap_year = False
if y%400==0: is_leap_year = True

if is_leap_year == True:
    days = [31, 29, 31, 30, 31, 30, 31, 31, 30, 31, 30, 31]
else:
    days = [31, 28, 31, 30, 31, 30, 31, 31, 30, 31, 30, 31]

# 算總日數
ds = d + sum(days[:m-1])

print(f"這一天是西元{y}年的第{ds}天\n")
```

題目 21 世紀所有 13 日星期五

```python
import datetime

# 設定開始日期為 2000 年 1 月 1 日
year = 2000
month = 1
day = 1

# 初始計數器為 0
c = 0

# 設定日期物件
date = datetime.date(year, month, day)

# 迴圈 200000 天
for i in range(200000):

    # 取得星期幾
    weekday = date.weekday()
    # 取得當天日期
    day = date.day
    # 取得當月月份
    month = date.month
    # 取得當年年份
    year = date.year

    # 若年份超過 2099 年，則跳出迴圈
    if year > 2099:
        break

    # 宣告星期幾的名稱
    weekday_names = ['Monday', 'Tuesday', 'Wednesday', 'Thursday', 'Friday',
'Saturday', 'Sunday']

    # 如果當天是 13 號且為星期五，則輸出訊息
    if day == 13 and weekday_names[weekday] == 'Friday':
        print(f"{c}: {year}/{month}/{day} is a {weekday_names[weekday]}")
        c += 1   # 計數器加 1
```

```
    # 日期加 1
    date = date + datetime.timedelta(days=1)
```

程式會從 2000 年 1 月 1 日開始,每次增加 1 天,直到滿足條件為止,條件為日期為 13 日且為 Friday,此時會輸出符合條件的日期。如果輸出日期的年份超過 2099 年,程式則會停止執行。

題目 樂透開獎

```
# 樂透開獎第一版,兩光錯誤版-號碼有可能重複!
import random
a=[]
for i  in range(10):
    t = random.randint(1,49)
    a.append(t)
# print(a)
sel = a[:6]
sel.sort()
print(sel)
```

執行結果

```
# [12, 33, 42, 46, 46, 49]
```

```
# 樂透開獎第二版,不重複,加對獎
import random
a=[]
for i in range(10):
    t = random.randint(1,49)
    #檢查有無重複
    if t not in a:
        a.append(t)
outN=a[:6]
outN.sort()
print(outN)

c=0
g1=[11,12,23,24,35,36]
```

```
for i in g1:
    if i in outN:
        c=c+1
print('中',c,'號')
```

執行結果

```
# [7, 16, 25, 27, 28, 35]
# 中 1 號
```

```
# 樂透開獎第三版，模擬 10000 次，統計得獎狀況，    未考慮特別號
import random
ac=[]
for j in range(10000):
    a=[]
    for i in range(100):
        t = random.randint(1,49)
        if t not in a:
            a.append(t)

    outN=a[:6]
    outN.sort()

    c=0
    g1=[11,12,23,24,35,36]
    for i in g1:
        if i in outN:
            c=c+1
    ac.append(c)

for i in range(6,-1,-1):
    print(f'中{i}號:{ac.count(i)}次')
```

執行結果

```
# 中 6 號:0 次
# 中 5 號:0 次
# 中 4 號:14 次
```

```
# 中 3 號:171 次
# 中 2 號:1348 次
# 中 1 號:4043 次
# 中 0 號:4424 次
```

```
# 樂透開獎第四版，模擬 10000 次，統計得獎狀況，考慮特別號
import random
ac=[]
for j in range(10000):
    a=[]
    for i in range(100):
        t = random.randint(1,49)
        if t not in a:
            a.append(t)
    outN=a[:6]
    #取第 7 個數字 a[6]為特別號
    sNum = a[6]
    outN.sort()

    c=0
    g1=[11,12,23,24,35,36]
    for i in g1:
    #考慮特別號
    if i in outN or I == sNum:
            c=c+1
    ac.append(c)

for i in range(6,-1,-1):
    print(f'中{i}號:{ac.count(i)}次')

# 中 6 號:0 次
# 中 5 號:0 次
# 中 4 號:26 次
# 中 3 號:280 次
# 中 2 號:1697 次
# 中 1 號:4230 次
# 中 0 號:3767 次
```

題目 4 個求質數方法比較

程式碼比較四種求質數的方法在求解 1 到 30000 的質數時,各自的執行時間。

- 方法 1:使用質數判斷法
- 方法 2:使用試除法
- 方法 3:使用篩法
- 方法 4:使用 6n±1 法

最後輸出各種方法的執行時間和執行時間的倍數。

```python
import time
n = 30000
p = []
# 方法 1 質數判斷法
st_time = time.time()

# 建立一個質數串列 a,將 2 加入串列中
a = [2]
for i in range(3, n+1, 2): # 從 3 到 n 的每個奇數
    isP = True
    for j in a:
        if j*j > i: break
        if i % j == 0: # 如果 i 可以被串列 a 中的某個元素整除,那麼 i 不是質數
            isP = False
            break
    if isP : a.append(i) # 如果 i 是質數,則將 i 添加到串列 a 中
print(len(a))

end_time = time.time()
p.append(end_time - st_time)

# 方法 2 試除法
st_time = time.time()

a = []
for i in range(1, n+1): # 從 1 到 n 的每個整數
    c = 0
    for j in range(1, i+1):
```

```
            if i % j == 0:
                c += 1
        if c == 2: a.append(i) # 如果 i 只有兩個因數 1 和自身，則 i 是質數
print(a)
print(len(a))

end_time = time.time()
p.append(end_time - st_time)

# 方法 3 篩法
st_time = time.time()

# 先建立一個包含 2 到 n 的整數串列 a
a = [i for i in range(2, n+1)]

# 從 2 到 n 的平方根範圍內，將 a 串列中能被 j 整除的元素去掉
for j in range(2, int(n**0.5)+1):
    a = [i for i in a if i%j!=0]
    a.append(j) # 將 j 添加回 a 串列中
a.sort() # 將 a 串列排序

end_time = time.time()
p.append(end_time - st_time)

# 方法 4   6n±1 法
st_time = time.time()

a = [2, 3, 5]
for i in range(6, n-3, 6): # 從 6 到 n-3 的每個 6 的倍數
    f = True
    for j in a:
        if (i+1) % j == 0:
            f = False
            break
    if f:
        a.append(i+1)
    f = True
    for j in a:
        if (i+5) % j == 0:
```

```
              f = False
              break
      if f:
          a.append(i+5)
print(a)
print(len(a))


end_time = time.time()
p.append(end_time - st_time)


# 輸出執行時間
print(p)
print('耗用秒數：', *p)
ntimes = [int(i/min(p)) for i in p]
print('耗用時間倍數：', *ntimes)
```

執行結果

```
[0.015547513961791992, 39.984729051589966, 0.04687666893005371,
0.5468738079071045]
耗用秒數： 0.015547513961791992 39.984729051589966 0.04687666893005371
0.5468738079071045
耗用時間倍數： 1 2571 3 35
```

心得：即使電腦很快，方法還是很重要！

題目 3 種不同的猜數字方法

第一種方法，使用 for 迴圈從 1 到 1000 猜數字，直到猜對為止。如果猜對了，則跳出迴圈，並記錄猜了幾次。

第二種方法，使用 random 函數亂數猜數字，同樣使用 for 迴圈猜 1000 次，每次猜 1 到 1000 之間的數字，如果猜對了就跳出迴圈。如果猜了 1000 次都沒有猜對，則印出 "1000 次未猜到"，否則印出猜對時的次數。

第三種方法，使用二元搜尋法猜數字，先從範圍 1 到 1000 中間的數字開始猜，如果猜對了就跳出迴圈，否則根據猜的數字和答案的大小關係縮小猜測範圍，直到猜對為止，並記錄猜了幾次。

最後程式會印出每個方法猜對時的次數或是未猜到的訊息。

```python
# -*- coding: utf-8 -*- # 設定編碼為 utf-8
# 方法 1 一個一個猜
ans = 756 # 設定答案
c = 1 # 記錄猜的次數
for guess in range(1,1000+1): # 猜 1 到 1000 之間的數字
    if guess == ans: # 如果猜對了就跳出迴圈
        break
    c = c + 1 # 記錄猜的次數

print('方法 1 一個一個猜') # 輸出猜的方法
print('第',c,'次猜到') # 輸出猜的次數
print()


# 方法 2 亂猜
import random # 匯入 random 模組
ans = 756 # 設定答案
print('方法 2 亂猜')
for j in range(10): # 進行十次亂猜
    c = 1 # 記錄猜的次數
    for i in range(1,1000+1): # 猜 1 到 1000 之間的數字
        guess = random.randint(1,1000) # 隨機猜一個數字
        if guess == ans: # 如果猜對了就跳出迴圈
            break
        c = c + 1 # 記錄猜的次數
    if c == 1001: # 如果猜了 1000 次都沒猜對
        print(j+1,':1000 次未猜到')
    else:
        print(j+1,':第',c,'次猜到')
print()


# 方法 3 有方法的猜--二元搜尋法
ans = 756      # 設定答案
top = 1000     # 設定猜測範圍上限
low = 1        # 設定猜測範圍下限
m = int((low+top)/2)     # 設定中間值，用於二元搜尋法
print('方法 3 有方法的猜--二元搜尋法')     # 印出方法名稱
c = 1          # 計算猜測次數
if m== ans:          # 如果中間值就是答案，則印出猜到答案
    print('第',c,'次猜到')
```

```
while m!= ans:      # 當中間值不是答案時
    if ans>m:       # 如果答案比中間值大,將中間值加1成為新的下限
        low = m+1
    else:           # 如果答案比中間值小,將中間值減1成為新的上限
        top = m-1
    m = int((low+top)/2)   # 計算新的中間值
    c = c + 1              # 猜測次數加1
if c!=1:                   # 如果猜測次數不是1,則印出猜到答案
    print('第',c,'次猜到')
```

執行結果

```
# 方法1 一個一個猜
# 第 756 次猜到


# 方法2 亂猜
# 1 :1000 次未猜到
# 2 :第 534 次猜到
# 3 :第 302 次猜到
# 4 :1000 次未猜到
# 5 :第 179 次猜到
# 6 :1000 次未猜到
# 7 :第 647 次猜到
# 8 :1000 次未猜到
# 9 :第 5 次猜到
# 10 :第 387 次猜到


# 方法3 有方法的猜--二元搜尋法
# 第 10 次猜到
```

題目 一元多次方程式的加法和乘法運算

這個程式是用來進行一元多次方程式的加法和乘法運算。程式中有兩個方程式,p 和 q,我們需要求它們的和 p+q 和積 p*q。

```
# -*- coding: utf-8 -*-

# p = 2*x^5 + 3*x^2 + 2*x^1 + 5
# q = 2*x^3 + 3*x^1 + 6
# p+q = ?
```

```
# p*q = ?
# ans: 2*x^5 + 2*x^3 + 3*x^2 + 5*x^1+ 11


# 定義 p 和 q 兩個多項式
p = '2*x^5 + 3*x^2 + 2*x^1 + 5'
q = '2*x^3 + 3*x^1 + 6'


# 列印 p 和 q
print('p=' + p)
print('q=' + q)


# 將 p 和 q 字串分割為項
pl = p.replace(' ','').split('+')
ql = q.replace(' ','').split('+')


# 建立一個字典 r，用於儲存多項式中每個項的係數
r = {}


# 處理 p 中的每個項
for p in pl:
    # 將項分割為係數和次數，
    # 例如 '2*x^5' 分割為 [2, 5]，'5' 分割為 [5]
    p =[int(i) for i in p.split('*x^')]
    if len(p)>1:
        # 如果項中包含次數，則將係數添加到字典 r 中
        if p[1] in r:
            r[p[1]] += int(p[0])
        else:
            r[p[1]] = int(p[0])
    else:
        # 如果項中不包含次數，則將係數添加到字典 r 中次數為 0 的項
        if 0 in r:
            r[0]+=p[0]
        else:
            r[0]=p[0]


# 處理 q 中的每個項
for q in ql:
    # 將項分割為係數和次數，
```

```
    # 例如 '2*x^3' 分割為 [2, 3]，'6' 分割為 [6]
    q =[int(i) for i in q.split('*x^')]
    if len(q)>1:
        # 如果項中包含次數，則將係數添加到字典 r 中
        if q[1] in r:
            r[q[1]] += int(q[0])
        else:
            r[q[1]] = int(q[0])
    else:
        # 如果項中不包含次數，則將係數添加到字典 r 中次數為 0 的項
        if 0 in r:
            r[0]+=q[0]
        else:
            r[0]=q[0]

# 將字典 r 轉換為降冪排序的項
d =[ [k,v] for k,v in r.items()]
d.sort()
d.reverse()

# 將項轉換為字串形式
sss = []
for i in d:
    sss.append(str(i[1]) + '*x^' + str(i[0]))
sss = '+'.join(sss)

# 輸出相加運算結果
print('p+q = ' + sss[:-4])

#  p 和 q 乘法運算
if len(pl[-1])==1:
    pl[-1]=pl[-1]+'*x^0'
if len(ql[-1])==1:
    ql[-1]=ql[-1]+'*x^0'

pl = [i.split('*x^') for i in pl]
ql = [i.split('*x^') for i in ql]

pl = [[int(j) for j in i] for i in pl]
```

```
ql = [[int(j) for j in i] for i in ql]

# 將 p 和 q 的每一項相乘
r1 = []
lp = len(pl)
lq = len(ql)
for i in range(lp):
    for j in range(lq):
        r1.append([pl[i][0]*ql[j][0],pl[i][1]+ql[j][1]])

# 將每一項的係數加總，得到最終的多項式
r = {}
for i in r1:
    if i[1] in r:
        r[i[1]]+=i[0]
    else:
        r[i[1]]=i[0]

# 將多項式轉換為字串形式
d =[ [k,v] for k,v in r.items()]
d.sort()
d.reverse()
sss = []
for i in d:
    sss.append(str(i[1]) + '*x^' + str(i[0]))
sss = '+'.join(sss)

# 輸出乘法運算結果
print('p*q = ' + sss[:-4])
```

執行結果

```
# p=2*x^5 + 3*x^2 + 2*x^1 + 5
# q=2*x^3 + 3*x^1 + 6
# p+q = 2*x^5+2*x^3+3*x^2+5*x^1+11
# p*q = 4*x^8+6*x^6+18*x^5+4*x^4+19*x^3+24*x^2+27*x^1+30
```

程式首先將方程式 p 和 q 的係數和指數分離出來，並把相同指數的係數相加，最後再依照指數大小排序，輸出 p+q 和 p*q 的答案。

在乘法部分，程式將方程式 p 和 q 每一項的係數和指數分離出來，然後依序進行乘法運算，最後再按指數大小排序，輸出 p*q 的答案。

題目 蒙地卡羅法求 pi 值程式

蒙地卡羅方法是一種利用隨機數來進行數值模擬和計算的方法，可用於求解許多數學、物理、工程等領域中的問題。其中，蒙地卡羅方法求解圓周率 (pi) 值是其中一個經典的應用之一。

蒙地卡羅方法求解圓周率 (pi) 值的基本思想是：假設有一個半徑為 r 的圓形，以及一個正方形，其邊長為 2r，則圓形和正方形的面積比為 pi/4。因此，如果我們能夠在正方形內生成一些隨機點，再計算有多少點落在圓形內，就可以利用比例得到 pi/4 的估計值，進而求得 pi 值的近似解。

```
for d in range(1,10):
    hit = 0
    for i in range(n**d):
        x = random.random()
        y = random.random()
        if x*x + y*y < 1:hit+=1
    print(4*hit/n**d)
```

執行結果

```
# 4.0
# 3.32
# 3.124
# 3.154
# ...
# ...
```

這段程式是使用蒙地卡羅方法來求解圓周率 (pi) 值的近似解。

1. 接受一個參數 d，代表使用幾個維度來進行蒙地卡羅模擬。在每個維度中，隨機產生 n 個點。

2. 在每個點上計算 $x^2 + y^2$ 的值，若小於 1，則代表該點在圓內。

3. 紀錄在圓內的點的數量 hit。

4. 計算 pi 值的近似解為 4 * hit / n^d。

5.　重複以上步驟，並在每次迭代結束時印出 pi 值的近似解。

6.　程式中的 random.random() 函式會產生一個 0 到 1 之間的隨機浮點數。因此，程式中的 x 和 y 變數會分別被賦予一個 0 到 1 之間的隨機值。

程式中的 print 會印出 pi 值的近似解。隨著 d 增加，pi 值的近似解會越來越準確。當 d 趨近於無窮大時，pi 值的近似解會趨近於真實的 pi 值。

題目 | 解題數計算

某解題網站，並未提供解題總數統計，使用者總會好奇自己到底解了多少題，試著不用手算，直接用 Python 程式，剖析一下資料，算出結果吧！

```
a = '''
第 01 關 : 變數與計算
共 12 題
完成 12 題


第 02 關 : 變數與型別
共 16 題
完成 16 題


第 03 關 : 運算子
共 2 題
完成 2 題


第 04 關 : 分支
共 16 題
完成 16 題


第 05 關 : 迴圈
共 60 題
完成 60 題


第 06 關 : 函數
共 19 題
完成 19 題


第 07 關 : 陣列
共 14 題
```

完成 14 題

第 08 關：字串
共 1 題
完成 1 題

第 09 關：指標
共 29 題
完成 26 題　　　練習 1 題　　　剩餘 2 題

第 10 關：結構
共 5 題
完成 5 題

第 11 關：類別
共 31 題
完成 14 題　　　練習 3 題　　　剩餘 14 題

第 12 關：使用標準樣版
共 23 題
完成 23 題

第 13 關：製作標準樣版
共 6 題
剩餘 6 題

第 14 關：正規表示式
共 13 題
剩餘 13 題

第 15 關：演算法
共 20 題
完成 2 題　　　剩餘 18 題

第 16 關：競賽題目
共 2 題
剩餘 2 題

第 99 關：測試用

```
共 2 題
'''
q  = [i[:5] for i in a.split('\n') if '第' in i]
a  = [i[:5] for i in a.split('\n') if '完成' in i]
for i in range(len(a)) :
    print(q[i],a[i])
a = ','.join(a).replace('完成','').replace('題','')
a = [int(i) for i in a.split(',')]
print('總解題數：',sum(a),'題')
```

執行結果

```
第01關： 完成12題
第02關： 完成16題
第03關： 完成2題
第04關： 完成16題
第05關： 完成60題
第06關： 完成19題
第07關： 完成14題
第08關： 完成1題
第09關： 完成26題
第10關： 完成5題
第11關： 完成14題
第12關： 完成23題
第13關： 完成2題
總解題數： 210 題
PS D:\py>
```

這個程式可以解析一段字串，並且計算出總共完成了多少題。

1. 首先，將整個字串 a 以換行符 \n 為分隔符切割成一個串列。接下來，用列表解析式過濾出包含字串 '第' 的元素，並取出這些元素前五個字符，存入串列 q 中。同樣地，用另一個串列解析式過濾出包含字串 '完成' 的元素，並取出這些元素前五個字符，存入串列 a 中。

2. 用一個 for 迴圈追蹤 a 中的每個元素，並將 q 和 a 中相應位置的元素逐個印出來，表示每個關卡完成了多少題。

3. 接著，將串列 a 中每個元素中的 '完成' 和 '題' 字串替換成空字串，得到一個只包含數字的字串 a_str。再用逗號 , 將這些數字拼接成一個長字串，存入 a_str 中。最後，用 split() 方法將 a_str 字串以逗號 , 為分隔符切割成一個串列，並將這個串列中的每個元素轉換成整數，存入串列 a 中。

4. 最後，用 sum() 函數計算串列 a 中所有元素的總和，即為總共解題數，並印出來。

題目 XAXB 猜數字遊戲

這是一個猜數字的遊戲，其中 p 為正確的數字組合，q 為玩家所猜測的數字組合，ac 代表位置和數字都猜對的數量，bc 代表數字猜對但位置不對的數量。根據這個程式，玩家猜測的數字組合分別為 1235、4321、4231、5678，其中：

1. 當玩家猜測 1235 時，正確的數字組合有 1, 2, 3, 4，其中數字 4 的位置也正確，因此 ac=4，bc=0。

2. 當玩家猜測 4321 時，正確的數字組合有 1, 2, 3, 4，但是位置都不對，因此 ac=0，bc=4。

3. 當玩家猜測 4231 時，正確的數字組合有 1, 2, 3, 4，其中數字 2 和 3 的位置正確，因此 ac=2，bc=2。

4. 當玩家猜測 5678 時，正確的數字組合都不在其中，因此 ac=0，bc=0。

\# 題目要求：給定一個 4 位數字 p 和一個可能與 p 相同的數字 q，找出幾個數字在相同的位置上（A），以及幾個數字在不同的位置上（B）

\# 例如：p=1234, q=4321，因為 1 和 3 是不同位置上的數字，所以 B=2；而 4 是相同位置上的數字，所以 A=1，算出 1A2B。

```python
# 定義正確答案 p
p = '1234'

# 嘗試幾種可能的 q
for q in ['1234', '1235', '4321', '4231', '5678']:
    # 初始化 A 和 B 的計數
    A = 0
    B = 0
    # 追蹤 p 的每個數字
    for i in range(4):
        # 如果 p 和 q 在相同位置上有相同的數字，A+1
        if p[i] == q[i]:
            A += 1
        # 如果 p 和 q 在不同位置上有相同的數字，B+1
        elif p[i] in q:
            B += 1
    # 印出 A 和 B 的結果
    print(f'{A}A{B}B')
```

執行結果

```
4A0B
3A0B
0A4B
2A2B
0A0B
```

題目　Josephus 問題

Josephus 問題是一個古老而著名的數學問題，描述如下：

有 n 個人站成一個圓圈，從第一個人開始報數，報到 m 的人出圈，剩下的人繼續報數，重複此過程，直到所有人都出圈為止。問最後一個出圈的人在原先圓圈中的位置是多少？

```python
n = 15  # 有 n 個人
m = 4   # 每 m 個人出圈

# 初始化每個人的編號
people = list(range(1, n+1))

# 紀錄出圈的人的順序
order = []

# 依照 Josephus 規則，將每 m 個人出圈，直到只剩下一個人
idx = 0  # 從第一個人開始報數
while len(people) > 1:
    # 找到要出圈的人的編號
    idx = (idx + m - 1) % len(people)
    out = people.pop(idx)
    order.append(out)

# 最後剩下的一個人就是答案
answer = people[0]

print("n =", n, ", m =", m)
print("最後一個出圈的人，原先位置：", answer)
```

執行結果

```
# n = 15 , m = 4
# 最後一個出圈的人，原先位置： 13
```

題目 補考試卷產生器

```
# 總有同學因為某些原因，需要補考，老師要重新出一張考卷！
# 寫一個程式幫老師，自動把原試卷做以下調整後，產生新試卷。

#  1、試題順序重排
#  2、答案順序重排

import random
f = open("tq40.txt", "r",encoding='utf-8')
fo = open("tq40out.txt", "w",encoding='utf-8')
d = f.readlines()
# 以亂數方式重排題目順序
print(*d)
random.shuffle(d)
for line in d:
    c = line.replace('\n','').split('\t')
    line1 = c[0][1:]
    # 以 "(" 切開選項
    c1 =[i for i in  line1.split('(')]
    ansR ,question = c[0][1],c1[0][2:]     #  ansR：正確答案 ,question：題目
    anslist =  c1[1:5]                     #  anslist 答案四個選項
    ansRtext = anslist['ABCD'.find(ansR)]#  ansRtext：答案內容文字
    ansRtext=ansRtext[2:]                  #  去除正確答案 X)
    anslist = [i[2:] for i in anslist]     #  去除選項答案 X)
    anslist.sort()                         #  以文字編碼大小為鍵，重排答案順序
    anslist.reverse()
    newAns = 'ABCD'[anslist.index(ansRtext)]
    outline = f'( {newAns} ) {question} A.{anslist[0]}  B.{anslist[1]}
C.{anslist[2]}  D.{anslist[3]}'
    print(outline)
    fo.writelines(outline)
fo.close()

# 參考資料 tq40.txt
```

```
#  (B)網站的網址以「https://」開始，表示該網站具有何種機制？(A) 使用 XOOPS 架設機制  (B)
使用 SSL 安全機制    (C) 使用 Small Business 機制    (D) 使用 SET 安全 機制
#  (C)下列何種技術可用來過濾並防止網際網路中未經認可的資料進入內部，以維護個人電腦或區域
網路的安全？(A) 網路流量控制   (B) 防毒掃描   (C) 防火牆   (D) 位址解析
#  (B)下列何者「不屬於」電腦病毒的特性？  (A) 具有自我複製的能力   (B) 電腦關機後會自動消
失   (C) 可附在正常檔案中   (D) 可隱藏一段時間再發作
#  (A)下列何種機制可允許分散各地的區域網路，透過公共網路安全地連接在一起？(A) VPN   (B)
WSN   (C) BAN   (D) WAN
#  (B)有關電腦病毒之特性，下列何者「不正確」？  (A) 病毒會寄生在開機程式   (B) 病毒不須
任何執行動作，便能破壞及感染系統   (C) 病毒會破壞系統之正常運作   (D) 具有自我複製之能力
```

執行結果 tq40out.txt

```
#  ( C )下列何種機制可允許分散各地的區域網路，透過公共網路安全地連接在一起？A. WSN   B.
WAN   C. VPN   D. BAN
#  ( A ) 下列何者「不屬於」電腦病毒的特性？   A. 電腦關機後會自動消失    B. 可隱藏一
段時間再發作   C. 可附在正常檔案中   D. 具自我複製的能力
#  ( A ) 下列何種技術可用來過濾並防止網際網路中未經認可的資料進入內部，以維護個人電腦或
區域網路的安全？A. 防火牆   B. 防毒掃描   C. 網路流量控制   D. 位址解析
#  ( C ) 網站的網址以「https://」開始，表示該網站具有何種機制？A. 使用 XOOPS 架設機
制   B. 使用 Small Business 機制   C. 使用 SSL 安全機制   D. 使用 SET 安全機
制
#  ( C ) 有關電腦病毒之特性，下列何者「不正確」？   A. 病毒會破壞系統之正常運作    B.
病毒會寄生在開機程式   C. 病毒不須任何執行動作，便能破壞及感染 系統   D. 具有自我
複製之能力
```

希望這個程式，有幫到辛苦的老師們！

題目 算成績排名次

```python
# 讀取 data1.txt 中的資料，並儲存在 lines 這個 list 中
lines = [i for i in open('c:\\testdata\data1.txt', 'r', encoding=('utf-8'))]

# 建立一個空的 list d
d = []

# 逐行讀取 data1.txt 中的資料，並將資料分割成座號、姓名、國文、英文、數學五個欄位，
# 再計算總分及平均分數，並將座號、姓名、國文、英文、數學、總分、平均分數、名次
# 放到一個 list t 中，最後再把 t 放到 d 這個 list 中
for line in lines:
    no, name, ch, en, ma = line.split('\t')
```

```
    no, ch, en, ma = int(no), int(ch), int(en), int(ma)
    total = ch + en + ma
    avg = int(total / 3 * 100 + 0.5) / 100
    t = [no, name, ch, en, ma, total, avg, 1]    # 最初名次設為 1
    d.append(t)

# 排序 list d，並計算每位學生的名次
for i in range(len(d)):
    for j in range(len(d)):
        if d[i][5] < d[j][5]:
            d[i][7] = d[i][7] + 1

# 建立一個 list head，用來顯示每個欄位的標題
head = ['座號', '姓名', '\t 國文', '英文', '數學', '總分', '平均', '名次']

# 把 list head 轉成字串，並用 tab (\t) 隔開每個欄位
head = '\t\t'.join(head)

# 顯示表格的標題
print(head)

# 逐一顯示每個學生的座號、姓名、國文、英文、數學、總分、平均分數及名次
for i in d:
    t = [str(j) for j in i]    # 把每個欄位轉成字串
    t = '\t\t'.join(t)    # 用 tab (\t) 隔開每個欄位
    print(t)

data1.txt
1    王小美    60    70    80
2    王中美    61    72    83
3    王大美    65    72    85
4    王特美    61    71    82
5    王超美    65    60    80
```

執行結果

座號	姓名	國文	英文	數學	總分	平均	名次
1	王小美	60	70	80	210	70.0	4
2	王中美	61	72	83	216	72.0	2
3	王大美	65	72	85	222	74.0	1
4	王特美	61	71	82	214	71.33	3
5	王超美	65	60	80	205	68.33	5

如果我們需要檢查多種括號的平衡，例如小括號、中括號和大括號，可以使用一個字典來儲存括號的對應關係。追蹤字串時，如果遇到開括號，則將其推入 stack 中，如果遇到關閉括號，就將 stack 中最上層的括號彈出，並檢查這兩個括號是否匹配。

```python
def is_balanced(s):
    stack = []
    pDict = {'(': ')', '[': ']', '{': '}'}
    for c in s:
        if c in pDict.keys():
            stack.append(c)
        elif c in pDict.values():
            if len(stack) == 0 or pDict[stack[-1]] != c:
                return False
            stack.pop()
    return len(stack) == 0


s = '{()[()]}'
print(is_balanced(s))
s = '({}[()])'
print(is_balanced(s))
```

執行結果

```
# True
# False
```

1. 定義函數 is_balanced(s)，接收一個字串 s 作為輸入。

2. 定義字典 pDict，用來存儲左右括號。

3. 使用一個空的串列 stack 來作為堆疊結構。

4. 對字串 s 進行追蹤，對於每個字符 c，如果 c 是左括號，則將其壓入堆疊中；否則，如果 c 是右括號，則取出堆疊中的頂部元素，找出其對應的右括號，如果與當前字符 c 不匹配，或者堆疊已經為空，則返回 False。如果當前字符 c 是左括號，則直接將其壓入堆疊中。

5. 最後，如果堆疊中還有元素，則表示括號不平衡，返回 False；否則，括號平衡，返回 True。

在主程式中，定義了一個字串 s，第一個字串的括號是平衡的，傳回 True；而第二個字串的括號是不平衡的，傳回 False。

題目 最長上升子序列（LIS）

```
def lis(nums):
    if not nums:  # 如果串列為空，返回 0
        return 0
    n = len(nums)   # 計算串列的長度
    dp = [1] * n   # 建立一個長度為 n 的串列 dp，並將每個元素都初始化為 1

    # 追蹤串列，對每個元素 i，找到所有比 i 小的元素 j，並更新 dp[i]的值
    for i in range(1, n):
        for j in range(i):
            # 如果 nums[j] < nums[i]，則 nums[i]可以接在 nums[j]後面，形成一個更
              長的上升子序列
            if nums[j] < nums[i]:
                dp[i] = max(dp[i], dp[j] + 1)   # 更新 dp[i]的值

    return max(dp)   # 返回 dp 串列中的最大值，即為最長上升子序列的長度

nums =[5,2,7,1,9,8,4,6]
print(lis(nums))
```

執行結果

```
#3
```

題目 最長公共子序列（LCS）

```
#定義一個函式 lcs，它接受兩個字串 s1 和 s2 作為輸入
def lcs(s1, s2):
# 計算 s1 和 s2 的長度
m, n = len(s1), len(s2)
# 建立一個大小為 (m+1)x(n+1) 的 2D 陣列 dp，並初始化所有元素為 0
dp = [[0] * (n + 1) for _ in range(m + 1)]

# 進行 LCS 演算法
for i in range(1, m + 1):
    for j in range(1, n + 1):
        if s1[i - 1] == s2[j - 1]:
```

```
            dp[i][j] = dp[i - 1][j - 1] + 1
        else:
            dp[i][j] = max(dp[i - 1][j], dp[i][j - 1])


# 回傳 dp 的最後一個元素，即為 LCS 的長度
return dp[m][n]

s1 = 'abcde'
s2 = 'bcef'
print(lcs(s1,s2))  # 印出 LCS 長度
```

執行結果

```
# 3
```

題目 最大子序和（Maximum Subarray）

```
# 定義一個名為 max_subarray 的函數，該函數需要一個整數串列 nums 作為參數
def max_subarray(nums):
    # 如果 nums 是空串列，則返回 0
    if not nums:
        return 0


    # 計算 nums 串列的長度，並初始化一個大小為 n 的串列 dp，並且把每個元素設置為 0
    n = len(nums)
    dp = [0] * n
    # 初始化 dp 的第一個元素為 nums 的第一個元素
    dp[0] = nums[0]
    # 初始化 max_sum 為 nums 的第一個元素
    max_sum = nums[0]


    # 使用 for 迴圈追蹤 nums 串列中的每個元素
    for i in range(1, n):
        # 計算以當前元素為結尾的最大子序和，並將其存儲在 dp[i] 中
        # dp[i - 1] 表示以前一個元素為結尾的最大子序和，如果 dp[i - 1] 小於 0，則將其
          設置為 0
        # 如果前一個元素對後面的子序列和是負的，那麼前一個元素就不應該納入後面的子序列和
        # 如果 dp[i - 1] 大於等於 0，則將當前元素加上 dp[i - 1] 作為當前最大子序和
        dp[i] = max(nums[i], dp[i - 1] + nums[i])
        # 更新 max_sum 為當前最大子序和和之前的最大子序和之間的較大值
```

```
        max_sum = max(max_sum, dp[i])

    # 返回最大子序和
    return max_sum
nums=[1,7,2,8,3,4,6,5]
print(max_subarray(nums))
```

執行結果

```
# 36
```

9-13 練習題

1. 如何使用窮舉法找到一個數列中的所有子序列？

2. 如何使用窮舉法找到一個數列中的所有子序列的和為指定值的子序列？

3. 給定一個整數陣列，找出其中兩個數字相加等於目標值的索引。

4. 給定一個正整數，找出所有質數因數。

5. 給定一個正整數，找出其所有因數。

6. 給定一個整數陣列，找出其中和最大的子序列。

7. 給定一個整數陣列，找出其中所有可能的子序列並計算其和。

8. 給定一個整數陣列，找出其中最長的遞增子序列。

9. 將一個串列中所有的數字加 1，並回傳一個新的串列。

10. 將一個串列中所有的數字乘以 2，並回傳一個新的串列。

11. 將一個串列中所有的數字取絕對值，並回傳一個新的串列。

12. 將一個串列中所有的數字轉換成字串，並回傳一個新的串列。

13. 將一個串列中所有的字串轉換成大寫字母，並回傳一個新的串列。

14. 將一個串列中所有的字串反轉，並回傳一個新的串列。

15. 將一個串列中所有的字串檢查是否以指定字串結尾，並回傳一個新的串列。

16. 將一個串列中所有的數字檢查是否為正數，並回傳一個新的串列。

17. 將一個串列中所有的字串檢查是否以指定字串開頭，並回傳一個新的串列。

18. 將兩個串列中相同位置的數字相加，並回傳一個新的串列。

19. 將一個串列中所有的字串轉換成大寫，並回傳一個新的串列。

20. 將一個串列中所有的數字檢查是否為奇數，並回傳一個新的串列。

21. 將一個串列中所有的數字檢查是否為質數，並回傳一個新的串列。

10

CHAPTER

檔案讀寫

- 檔案讀取
- 檔案寫入
- 檔案關閉
- 檔案操作簡例
- with 語句自動關閉檔案
- 檔案讀寫編碼處理
- 其他檔案讀寫範例

Python 廣泛用於軟體開發和數據分析。也是一個強大的工具，可以用於處理和操作文件。在 Python 中，可以使用各種內置函數和庫來讀取、寫入、建立、刪除和操作各種資料檔案。

10-1 　檔案讀取

open()

open() 函數用於開啟一個檔案，並返回一個檔案物件。語法如下：

```
file_object = open(file_name, access_mode)
```

file_name 是要開啟的檔案名稱，access_mode 是開啟檔案的模式，可以是以下幾種之一：

參數	說明
r	讀取模式，默認值，用於讀取檔案。
w	寫入模式，如果檔案存在，則清空檔案內容後寫入；如果檔案不存在，則建立一個新的檔案並寫入。
a	附加模式，用於在檔案末尾附加內容，如果檔案不存在，則建立一個新的檔案並寫入。
x	建立模式，用於建立新的檔案，如果檔案已存在，則引發異常。
b	二進位模式，用於讀取或寫入二進位檔案，如圖片、音頻等。

read()

read() 方法用於讀取檔案內容。語法如下：

```
content = file_object.read(size)
```

其中，size 是要讀取的字節數，如果省略不寫，則讀取整個檔案內容。

readline()

readline() 方法用於讀取檔案中的一行。語法如下：

```
line = file_object.readline()
```

readlines()

readlines() 方法用於讀取檔案中的所有行，並返回一個包含所有行的串列。語法如下：

```
lines = file_object.readlines()
```

10-2 檔案寫入

write()

write() 方法用於寫入內容到檔案中。語法如下：

```
file_object.write(content)
```

其中，content 是要寫入的內容，可以是字串、二進位數據等。

writelines()

writelines() 方法用於寫入多行內容到檔案中。語法如下：

```
file_object.writelines(lines)
```

其中，lines 是要寫入的多行內容，必須是一個包含多行字串的串列。

10-3 檔案關閉

close()

close() 方法用於關閉已打開的檔案。語法如下：

```
file_object.close()
```

以上是 Python 中常用的檔案操作範例。

10-4 檔案操作簡例

下面是一個簡單的檔案操作範例，演示了如何讀取、寫入和關閉檔案。

```python
# 打開檔案，設為讀取模式
f = open('test.txt', 'r')

# 讀取整個檔案內容
content = f.read()

# 關閉檔案
f.close()

# 打開檔案，並設置寫入模式
f = open('test.txt', 'w')

# 寫入內容到檔案中
f.write('Hello World!')

# 關閉檔案
f.close()
```

注意，寫入模式會清空原檔案內容，因此在寫入前應該先備份原檔案或者使用附加模式。

範例 賈柏斯的史丹佛演講,用字數統計,資料改從檔案讀取。

```python
f = open('jobs.txt','r',encoding='utf-8')
lines = f.readlines()
d = ''.join(lines)

for i in '():._\t':
    d = d.replace(i,' ')

d = [ i for i in d if 'z' >= i >='A' or i==' ' ]

d = ''.join(d)
d = d.split(' ')
d = [i for i in d if len(i)>1]
ds = set(d)
words = list(d)
freq = {}
for word in d:
    freq[word.lower()] = freq.get(word.lower(), 0) + 1
# print(freq)
freqlist = []
for k,v in freq.items():
    freqlist.append([v,k])
freqlist.sort()
freqlist.reverse()

c = 1
sum20 = 0
for i in freqlist:
    t = f'{c:}. {i[1]:10}: {i[0]:<3}'
    print(t)
    sum20+=i[0]
    c+=1
    if c>20:
        break

print('最常用 20 字共使用:',sum20,'次')
print('總字數:',len(d),'字')
rate = sum20/len(d)*100
rate = int(rate*10+0.5)/10
print('會 20 字就可看懂:', rate ,'%')
```

執行結果

```
# 1. the      : 98
# 2. to       : 71
# 3. and      : 67
# 4. it       : 52
# 5. was      : 48
# 6. of       : 42
# 7. that     : 38
# 8. in       : 34
# 9. you      : 31
# 10. my      : 30
# 11. is      : 29
# 12. had     : 22
# 13. with    : 19
# 14. out     : 19
# 15. me      : 18
# 16. so      : 17
# 17. have    : 17
# 18. for     : 17
# 19. your    : 16
# 20. life    : 16
# 最常用 20 字共使用: 701 次
# 總字數: 2094 字
# 會 20 字就可看懂: 33.5 %
```

此程式主要的目的是要計算一個檔案中出現頻率最高的前 20 個單字，以及這 20 個單字出現的次數、總字數、以及能夠看懂這 20 個單字在整篇文章中，字數所佔的比例。

詳細的演算邏輯如下：

1. 打開一個名為 'jobs.txt' 的 UTF-8 編碼的檔案，並將每一行讀進來。

2. 將讀進來的所有文字串接起來，並將其中的一些特殊字元（如 '()', ':', '.', '\t'）替換成空格。

3. 只保留字母和空格，將其他字元刪除。

4. 將字串切割成一個個單字，並去掉單字長度為 1 的單字。

5. 計算每個單字出現的次數，並將其放入一個字典中。

6. 將字典中的每個單字及其出現次數放入一個二維的串列中,並按照出現次數由高到低排序。

7. 輸出串列中出現次數最高的前 20 個單字及其出現次數,以及這 20 個單字出現的總次數和總字數。

8. 計算能夠看懂這 20 個單字的比例,並輸出結果。

注意:程式中所使用的 'z' 和 'A' 是英文字母的最後一個和第一個,因此在範圍內的字母就是英文字母。

10-5 with 語句自動關閉檔案

實際使用中,應該根據具體需求選擇不同的操作模式和方法。另外,為了避免忘記關閉檔案,可以使用 with 語句來自動關閉檔案。

```python
with open('test.txt', 'r') as f:
    content = f.read()

with open('test.txt', 'w') as f:
    f.write('Hello World!')
```

使用 with 語句時,不需要顯式地調用 close() 方法,當語句塊執行完畢時,檔案會自動關閉。

10-6 檔案讀寫編碼處理

在 Python 中,讀寫檔案的時候需要考慮編碼處理,以確保能夠正確地讀取和寫入文件內容。

讀取檔案時,可以使用 open 函數打開一個文件,並指定編碼方式。例如:

```python
with open('file.txt', 'r', encoding='utf-8') as f:
    content = f.read()
```

這裡指定了編碼方式為 UTF-8，並使用 with 語句打開文件，確保在讀取完文件後自動關閉文件。

寫入檔案時，同樣也可以使用 open 函數打開一個文件，並指定編碼方式。例如：

```
with open('file.txt', 'w', encoding='utf-8') as f:
    f.write('Hello, world!')
```

指定了編碼方式為 UTF-8。

除了 UTF-8 以外，常見的編碼

- ASCII：是一種 7 位元編碼，共有 128 個字符，包括英文字母、數字和符號等。ASCII 編碼不支持中文等非拉丁字符。

- GBK：是中國國家標準編碼，支持簡體中文、繁體中文和日文等。GBK 編碼包括 GB2312 和 GBK 兩個部分，其中 GB2312 是簡體中文的標準編碼，共收錄 6763 個漢字和 682 符號，而 GBK 則將 GB2312 中未收錄的中日韓漢字加入其中，總字符數達到 21886。

- Big5：是台灣最常用的中文編碼，支持繁體中文和日文等。Big5 編碼包括 13053 個中文字符和 191 個符號。

這些編碼可以用於讀寫不同語言的文件，如：

- ASCII 編碼可以用於純英文；

- UTF-8 編碼可以用於多種語言，包括英文、中文、法文、德文等；

- GBK 編碼可以用於簡體中文；

- Big5 編碼可以用於繁體中文。

範例 簡單檔案讀出，計算總字數、大寫、小寫、數字例。

```
# -*- coding: utf-8 -*-
f = open('t1.txt','r',encoding='utf-8')
a = f.read()
# print(a)

print('總字數',len(a))
cs=0
```

```
cb=0
cd=0
for i in a:
    if i >='a' and i <='z':
        cs = cs + 1
    if i >='A' and i <='Z':
        cb = cb + 1
    if i >='0' and i <='9':
        cd = cd + 1
print('小寫英文字母',cs)
print('大寫英文字母',cb)
print('數字',cd)
```

執行結果

```
# 總字數 2172
# 小寫英文字母 944
# 大寫英文字母 96
# 數字 136
```

說明：f = open('t1.txt','r',encoding='utf-8')中的 encoding='xxxxx'，是常用的亂碼解決方法。

10-7 其他檔案讀寫範例

請注意，要測試範例，程式碼中的檔案路徑可能需要修改。

範例 | 讀取文字檔案內容並顯示在螢幕上

```
with open('file.txt', 'r') as f:
    content = f.read()
    print(content)
```

範例 | 讀取 CSV 檔案內容並顯示在螢幕上

```
import csv
with open('file.csv', 'r') as f:
    reader = csv.reader(f)
    for row in reader:
        print(row)
```

範例 寫入文字內容至檔案中

```python
with open('file.txt', 'w') as f:
    f.write('Hello, world!')
```

範例 寫入 CSV 檔案內容至檔案中

```python
import csv
data = [
    ['Name', 'Age', 'Gender'],
    ['Alice', '25', 'Female'],
    ['Bob', '30', 'Male'],
    ['Charlie', '35', 'Male']
]
with open('file.csv', 'w', newline='') as f:
    writer = csv.writer(f)
    writer.writerows(data)
```

範例 以 append 模式寫入文字內容至檔案中

```python
with open('file.txt', 'a') as f:
    f.write('Hello again!')
```

範例 讀取 JSON 檔案內容並顯示在螢幕上

```python
import json
with open('file.json', 'r') as f:
    data = json.load(f)
    print(data)
```

範例 寫入 JSON 檔案內容至檔案中

```python
import json

data = {
    'Name': 'Alice',
    'Age': 25,
    'Gender': 'Female'
}
```

```
with open('file.json', 'w') as f:
    json.dump(data, f)
```

還可以

1. 讀取 XML 檔案內容並顯示在螢幕上。

2. 寫入 XML 檔案內容至檔案中。

3. 讀取 YAML 檔案內容並顯示在螢幕上。

4. 寫入 YAML 檔案內容至檔案中。

5. 讀取 Excel 檔案內容並顯示在螢幕上（需要安裝 openpyxl 套件）。

6. 寫入 Excel 檔案內容至檔案中（需要安裝 openpyxl 套件）。

7. 讀取 PDF 檔案內容並顯示在螢幕上（需要安裝 PyPDF2 套件）。

8. 寫入 PDF 檔案內容至檔案中（需要安裝 PyPDF2 套件）。

9. 讀取圖片檔案並顯示在螢幕上（需要安裝 Pillow 套件）。

10. 讀取音訊檔案並播放（需要安裝 pyaudio 和 wave 套件）。

11. 將麥克風輸入錄音並儲存至檔案中。

12. 讀取影片檔案並播放（需要安裝 moviepy 套件）。

列出來，了解一下 Python 功能這麼強，詳細資料，就讓有興趣的讀者，自己再去發掘了。

10-8 練習題

1. 在檔案中寫入文字 "Hello World!"。

2. 讀取檔案中的內容並顯示在螢幕上。

3. 在檔案中寫入一些文字，然後關閉檔案。重新打開檔案，讀取檔案內容並顯示在螢幕上。

4. 逐行讀取檔案內容並顯示在螢幕上。

5. 在檔案中寫入一些文字，然後重新打開檔案並加入其他文字。

6. 將一個檔案的內容複製到另一個檔案中。

7. 從一個檔案中讀取整數並計算它們的總和。

8. 將一個檔案中的所有字母轉換成大寫。

9. 將一個檔案中的所有字母順序顛倒。

10. 將一個檔案中的所有字母隨機排序。

11. 從一個檔案中讀取一行並顯示該行的內容，直到讀取到檔案結尾。

12. 從一個檔案中讀取多行並顯示這些行的內容。

13. 將一個檔案中的所有空行刪除。

11

用 Spyder 偵錯

- 變數瀏覽器（**Variable Explorer**）
- 偵錯器（**Debugger**）

Spyder 是一個基於 Python 的開源整合開發環境（IDE），它具有一個直觀的使用者介面，可以方便地編寫、除錯和測試 Python 代碼。Spyder 附帶了一些非常有用的除錯工具，讓我們可以更容易地找到並解決代碼中的錯誤。

以下是 Spyder 中一些常用的偵錯工具：

1. 變數瀏覽器（Variable Explorer）：這個工具可以查看 Python 程式中定義的變數及其值，以便了解程式的運行狀況。

2. 偵錯器（Debugger）：偵錯器是 Spyder 中最強大的除錯工具之一，它可以在程式運行時進行斷點除錯。斷點是指代碼中的一個位置，當程式執行到該位置時，它會停止運行，讓我們檢查程式的狀態。

3. 控制台（Console）：控制台是一個交互式的 Python 環境，可以在其中輸入和執行 Python 代碼，並且可以查看程式的輸出結果。可以使用控制台來測試代碼片段，並快速排除一些簡單的錯誤。

4. 視覺化除錯工具（Visual Debugger）：可視化除錯工具可以查看程式的運行流程，以便了解程式的運行狀況。

總體來說，Spyder 是一個非常強大的 Python 開發環境，它提供了豐富的除錯工具，讓我們可以更容易地編寫、除錯和測試 Python 代碼。

11-1 變數瀏覽器（Variable Explorer）

變數瀏覽器（Variable Explorer）是 Spyder 中的一個除錯工具，它可以讓我們查看程式中定義的變數及其值。我們可以使用變數瀏覽器來檢查程式中的變數是否被正確地設置或修改，以便理解程式的運行狀況。

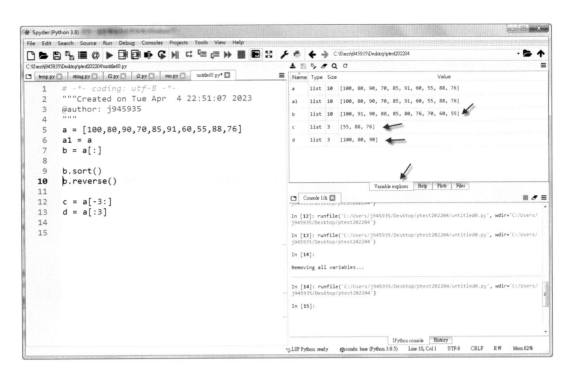

變數瀏覽器通常顯示在 Spyder 的右側窗格中，可以透過按工具欄上的「變數瀏覽器」按鈕打開它。一旦打開，變數瀏覽器會顯示程式中所有的變數及其值，可以使用搜索功能來快速查找特定的變數。

在變數瀏覽器中，可以按變數名來查看其值。如果變數是一個複雜的對象（例如串列、字典或類實例），可以展開該對象來查看其內容。還可以使用鍵盤快捷鍵 Ctrl + I 或者右鍵按變數名，在上下文選單中選擇「Inspect variable」查看更詳細的變數訊息。

如果需要修改變數的值，可以在變數瀏覽器中直接進行修改，或者在控制台或編輯器中進行修改，並在變數瀏覽器中查看修改後的值。

變數瀏覽器是 Spyder 中非常實用的一個工具，它可以幫助理解程式的運行狀況，找到並解決程式中的錯誤。

舉例說明

假設在開發一個 Python 程式，其中有一個名為「numbers」的串列，該串列包含一些數字。希望在程式運行期間檢查該串列中的值是否正確，這時可以使用變數瀏覽器來檢查「numbers」串列。

首先，打開 Spyder 並打開 Python 程式。然後，按工具欄上的「變數瀏覽器」按鈕，打開變數瀏覽器。變數瀏覽器應該顯示在 Spyder 的右側窗格中。

接下來，在 Python 程式中添加以下代碼來定義「numbers」串列：

```
numbers = [1, 2, 3, 4, 5]
```

然後，在程式運行期間，在「numbers」串列的某個位置添加一些數字，例如：

```
numbers[2] = 10
```

回到 Spyder 並切換到變數瀏覽器。應該會看到「numbers」串列和它的值。如果展開「numbers」串列，可以看到它包含的所有數字，包括剛剛添加的「10」。

就可以使用變數瀏覽器來檢查程式中的變數值，並及時發現並解決問題。

11-2 偵錯器（Debugger）

偵錯器（Debugger）是 Spyder 中的另一個強大的除錯工具。它允許停止程式的執行並逐步運行，以便理解程式的運行狀況，找到並解決問題。

使用偵錯器，可以將程式執行到某個斷點，然後一步一步地運行，觀察變數的值以及程式的執行流程，直到找到問題所在。還可以設置條件斷點，在特定條件下停止程式的執行。

在 Spyder 中，可以使用以下步驟來使用偵錯器：

1. 在編輯器中找到要除錯的 Python 程式。

2. 在要除錯的行處添加一個斷點。按行號左側的空白區域即可添加斷點，斷點將顯示為紅色圓圈。

3. 按工具欄上的「偵錯器」按鈕，啟動偵錯器。偵錯器將顯示在 Spyder 的底部窗格中。

4. 在偵錯器窗格中，按「開始偵錯」按鈕開始程式的執行。程式將在斷點處停止執行。

5. 使用偵錯器窗格中的按鈕來運行程式，觀察變數值，並繼續執行直到找到問題所在。

在偵錯器中，還可以使用許多其他功能，例如：

1. 暫停和繼續程式的執行

2. 查看變數的值和類型

3. 在控制台中執行 Python 表示式

4. 設置條件斷點和日誌語句

偵錯器是 Spyder 中非常有用的工具，它可以幫助找到並解決程式中的問題。

舉例說明

假設正在開發一個 Python 程式，

```
a = [100,80,90,70,85,91,60,55,88,76]
a1 = a
b = a[:]

b.sort()
b.reverse()

c = a[-3:]
d = a[:3]
```

注意到結果並不正確，想使用偵錯器來找出問題所在。

❶ 首先，打開 Spyder 並打開 Python 程式。然後，在要除錯的行處添加一個斷點。在這種情況下，可以在程式的開始處添加斷點，以便在程式運行之前停止執行。

❷ 接下來，按工具欄上的「偵錯器」按鈕，以打開偵錯器。偵錯器應該顯示在 Spyder 的底部窗格中。

❸ 在偵錯器窗格中，按「開始偵錯」按鈕或按 Ctrl-F5 以開始程式的執行。程式將在斷點處停止執行。

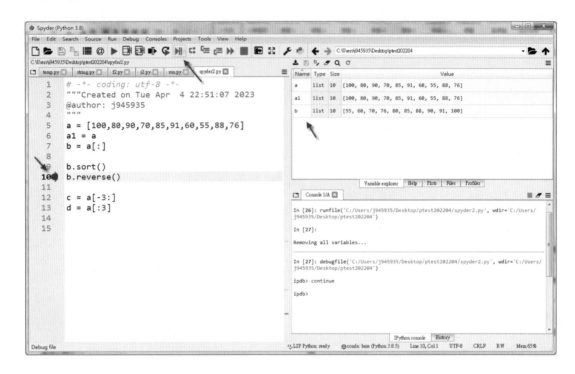

使用偵錯器窗格中的按鈕來運行程式，觀察變數值，並繼續執行直到找到問題所在。

在這種情況下，使用偵錯器來觀察變數「b」的值是否正確，並查看讀取和寫入文件的操作是否正確。如果發現變數值或文件操作不正確，可以使用偵錯器中的其他工具來進一步除錯和解決問題。

舉例來說，使用「Console」窗格來執行 Python 表示式並觀察其結果。

例子中，我們以 print(b[-3:]) 指令，取得最後面 3 個數字。

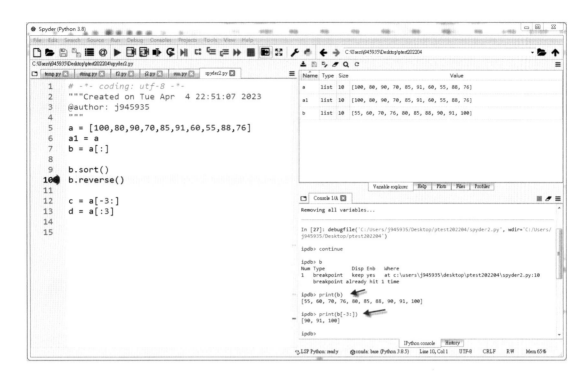

使用偵錯器，可以快速找到並解決 Python 程式中的問題。

偵錯器的快速鍵配合使用

在 Spyder 中，可以使用偵錯器的快速鍵來更快速地除錯 Python 程式。以下是一些常用的偵錯器快速鍵：

- F5：開始/停止偵錯器。

- F10：逐行執行程式，跳過子函數的內容。

- F11：逐行執行程式，包括子函數的內容。

- Shift + F11：退出當前函數，回到呼叫它的函數。

- Ctrl + Shift + F11：跳過當前函數，繼續執行程式。

- F12：跳到當前執行行的定義（函數或類）。

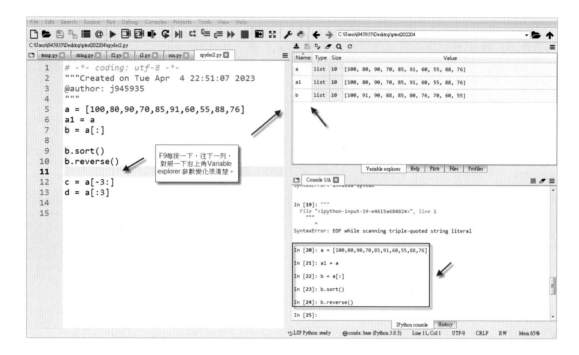

使用這些快速鍵可以更快速地查看程式的執行情況，找到問題所在。也可以在 Spyder 的設置中自定義快速鍵，以便更加方便地使用偵錯器。

註	筆者喜歡使用 F9 一次一列往前執行，同時觀察右上 Variable Explorer 視窗參數的變化，一招好用、夠用了。

11-3 練習題

1. （　　） 在 Spyder 的除錯模式中，可以使用哪個快捷鍵來執行程式？

   (A) F5　　　　　　　　　　　(B) F6

   (C) F7　　　　　　　　　　　(D) F8

2. （　　） 在 Spyder 的除錯模式中，可以使用哪個快捷鍵來進入函式？

   (A) F5　　　　　　　　　　　(B) F6

   (C) F7　　　　　　　　　　　(D) F8

3. （　　） 在 Spyder 的除錯模式中，可以使用哪個快捷鍵來跳出函式？

   (A) F5　　　　　　　　　　　(B) F6

   (C) F7　　　　　　　　　　　(D) F8

4. （　　） 如果在 Spyder 的除錯模式中發現錯誤，可以使用哪個快捷鍵來停止
   程式的執行？

   (A) Ctrl + C　　　　　　　　(B) Ctrl + D

   (C) Ctrl + E　　　　　　　　(D) Ctrl + F

5. （　　） 在 Spyder 的除錯模式中，可以使用哪個快捷鍵來加入/刪除斷點？

   (A) F5　　　　　　　　　　　(B) F6

   (C) F7　　　　　　　　　　　(D) F8

6. （　　） 如果在 Spyder 的除錯模式中發現一個變數的值不正確，可以使用哪
   個功能來檢查變數？

   (A) Watch 窗口　　　　　　　(B) Console 窗口

   (C) Editor 窗口　　　　　　　(D) History 窗口

7. （　　） 在 Spyder 的除錯模式中，如果想要一次執行多行程式碼，可以使用
   哪個快捷鍵？

   (A) Ctrl + Enter　　　　　　 (B) Shift + Enter

   (C) Alt + Enter　　　　　　　(D) F10

8. （　　） 如果在 Spyder 的除錯模式中遇到無限迴圈，可以使用哪個快捷鍵停止程式的執行？

(A) Ctrl + C

(B) Ctrl + D

(C) Ctrl + E

(D) Ctrl + F

12

CHAPTER

電腦軟體設計檢定程式實作

- 1060301：迴文判斷
- 1060302：直角三角形列印
- 1060303：質數計算
- 1060304：體質指數 BMI
- 1060305：矩陣相加
- 1060306：身分證號碼檢查
- 1060307：撲克牌比大小
- 1060308：分數加、減、乘、除運算

雖然目前電腦軟體設計丙級檢定目前只可以使用 VB.Net、C++、C# 解題，但開放使用 Python 應該快了吧！

電腦軟體設計丙級術科實作的 8 個題目，出的很漂亮，是值得當作練基本功，加強程式實力的好訓練教材。

先用這些題目來練練功吧！

12-1 1060301：迴文判斷

【試題編號】11900-1060301

【試題名稱】迴文判斷

【說明】請利用『指定』迴圈控制指令，由外部資料檔讀入一個欲判斷的數字，若此數字為迴文（Palindrome，左右讀起均同，例如 12321），則印出此數字及"is a palindrome."，若不是則印出此數字及"is not a palindrome."

【輸入資料檔案及資料格式】1060301.SM, 1060301.T01, 1060301.T02, 1060301.T03

1. 檔案型態：循序檔。

2. 檔案資料欄位如下：（各欄位間以逗號分隔）

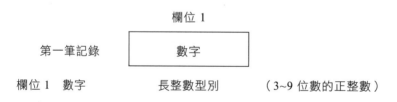

欄位 1
第一筆記錄　　數字

欄位 1　數字　　　　長整數型別　　　（3~9 位數的正整數）

【範例檔案】1060301.SM

第一筆記錄　　12321

【報表輸出】

```
第一題結果： 12321 is a palindrome.
```

```python
# -*- coding: utf-8 -*-
# Q1
# 匯入 tkinter 模組
import tkinter as tk

# 建立視窗
window = tk.Tk()
window.title('SD Q1')
window.geometry('400x300')  # 設定視窗大小

# 開啟檔案，讀取第一行資料
with open('c:/test/1060301.SM') as f:
    data = f.readline()
    # 註解：讀取第一行資料並存到變數 data 中

# 判斷資料是否為回文
result = ''
if data == data[::-1]:
    result = data + ' 是回文。'
else:
    result = data + ' 不是回文。'

result = '第一題結果：' + result

# 在視窗上新增一個標籤，顯示結果
result1_label = tk.Label(window, text=result)
result1_label.pack()

# 開始執行視窗的主迴圈
window.mainloop()
```

請確認你的電腦上已經有 c:/test/1060301.SM 這個檔案，如果沒有可以自己建立一個檔案，並在第一行輸入一個字串，用來測試程式是否能正常執行。

12-2 1060302：直角三角形列印

【試題編號】11900-1060302

【試題名稱】直角三角形列印

【說明】利用『指定』迴圈控制指令，由外部資料檔讀入數字，列印從 1 開始直到該數字為止之直角三角形。

【輸入資料檔案及資料格式】1060302.SM, 1060302.T01, 1060302.T02, 1060302.T03

1. 檔案型態：循序檔。

2. 檔案資料欄位如下：（各欄位間以逗號分隔）

欄位 1

第一筆記錄	數字

欄位 1　數字　　　　　　　整數型態

【範例檔案】1060302.SM

第一筆記錄	7

【報表輸出】

```
第二題結果：
1
12
123
1234
12345
123456
1234567
```

```python
# Q2
# 匯入 tkinter 模組並縮寫為 tk
import tkinter as tk

# 建立主視窗
window = tk.Tk()
window.title('SD Q2')
window.geometry('400x300')

# 開啟檔案讀取第一行資料
with open('c:/test/1060302.SM') as f:
    data = f.readline()
    # data = '7'

# 準備結果
result = ''
n = int(data)
for i in range(1, n+1):
    for j in range(1, i+1):
        result += str(j)
    result += '\n'
result = '第二題結果:' + '\n' + result

# 在視窗中加入標籤，顯示計算結果
result2_label = tk.Label(window, text=result, anchor="e", justify='left')
result2_label.pack()

# 啟動主視窗
window.mainloop()
```

12-3 1060303：質數計算

【試題編號】11900-1060303

【試題名稱】質數計算

【說明】請利用『指定』迴圈控制指令，由外部資料檔讀入欲檢查的數字，若此數字是質數則印出此數字及 "is a prime number."，若不是則印出此數字及 "is not a prime number."

【輸入資料檔案及資料格式】1060303.SM, 1060303.T01, 1060303.T02, 1060303.T03

1. 檔案型態：循序檔。

2. 檔案資料欄位如下：（各欄位間以逗號分隔）

欄位 1

第一筆記錄	數字

欄位 1　數字　　　　　　　整數型態

【範例檔案】1060303.SM

第一筆記錄	12

【報表輸出】

第三題結果：12 is not a prime number.

```
# Q3
# 載入 Tkinter 模組
import tkinter as tk

# 建立主視窗
window = tk.Tk()

# 設定主視窗標題和大小
window.title('SD Q3')
window.geometry('400x300')

# 讀取檔案
with open('c:/test/1060303.SM', encoding='utf-8') as f:
    data = f.readline().strip()  # 讀取一行文字並去除換行符號

# 判斷是否為質數
result = ''
n = int(data)
c = 0
for i in range(1,n+1):
    if n % i == 0:
        c += 1
if c == 2:
    result = f'第三題結果：{data} is a prime number.'
else:
    result = f'第三題結果：{data} is not a prime number.'

# 建立結果標籤
result2_label = tk.Label(window, text=result, anchor="e", justify='left')
result2_label.pack()

# 開始運行主視窗
window.mainloop()
```

12-4 1060304：體質指數 BMI

【試題編號】11900-1060304

【試題名稱】BMI 值計算

【說明】體質指數 BMI（Body Mass Index）是常用在評估人體肥胖程度的一種指標，其計算公式為體重除以身高的平方：

$$BMI = 體重(公斤)/(身高 \times 身高)(公尺^2)$$

一般而言，正常的體重其 BMI 範圍=20～25。請設計一個程式，輸入 3 組身高與體重後，將 BMI 值最小者印出並判斷是否在正常範圍內（BMI 之計算身高以公尺，體重以公斤計算，計算至個位數，小數點後第一位數以四捨五入計算）。

【輸入資料檔案及資料格式】1060304.SM, 1060304.T01, 1060304.T02, 1060304.T03

1. 檔案型態：循序檔。

2. 檔案資料欄位如下：（各欄位間以逗號分隔）

	欄位 1	欄位 2
第一筆記錄	身高(公分)	體重(公斤)
第二筆記錄	身高(公分)	體重(公斤)
第三筆記錄	身高(公分)	體重(公斤)

欄位 1　身高(公分)　　整數型態

欄位 2　體重(公斤)　　整數型態

【範例檔案】1060304.SM

	欄位 1	欄位 2
第一筆記錄	176,	45
第二筆記錄	165,	50
第三筆記錄	170,	55

【報表輸出】

第四題結果：最小 BMI 值=15，不正常

```python
# Q4
# 匯入 tkinter 模組
import tkinter as tk

# 建立視窗物件
window = tk.Tk()

# 設定視窗標題及大小
window.title('SD Q4')
window.geometry('400x300')

# 讀取資料檔案並處理資料
with open('c:/test/1060304.SM', encoding='utf-8') as f:
    datas = f.readlines()

bmi = []
for i in range(3):
    h, w = map(int, datas[i].split(','))
    bmi.append(round(w / (h / 100) ** 2, 2))

# 判斷 BMI 是否正常
result = ''
if 20 <= min(bmi) <= 25:
    result = f'第四題結果：最小值={min(bmi)}，正常'
else:
    result = f'第四題結果：最小值={min(bmi)}，不正常'

# 在視窗中顯示結果
result2_label = tk.Label(window, text=result, anchor='w', justify='left')
result2_label.pack()

# 執行視窗
window.mainloop()
```

12-5 1060305：矩陣相加

【試題編號】11900-1060305

【試題名稱】矩陣相加

【說明】請利用『指定』迴圈控制指令，由外部資料檔讀入兩組 2 乘 2 矩陣數值後，將此兩矩陣數值相加後，列印出此矩陣。

$$A_{2x2} + B_{2x2} = \begin{bmatrix} A_{(1,1)} & A_{(1,2)} \\ A_{(2,1)} & A_{(2,2)} \end{bmatrix} + \begin{bmatrix} B_{(1,1)} & B_{(1,2)} \\ B_{(2,1)} & B_{(2,2)} \end{bmatrix}$$

$$= \begin{bmatrix} A_{(1,1)} + B_{(1,1)} & A_{(1,2)} + B_{(1,2)} \\ A_{(2,1)} + B_{(2,1)} & A_{(2,2)} + B_{(2,2)} \end{bmatrix}$$

【輸入資料檔案及資料格式】1060305.SM, 1060305.T01, 1060305.T02, 1060305.T03

1. 檔案型態：循序檔。

2. 檔案資料欄位如下：（各欄位間以逗號分隔）

	欄位 1	欄位 2
第一筆記錄	$A_{(1,1)}$	$A_{(1,2)}$
第二筆記錄	$A_{(2,1)}$	$A_{(2,2)}$
第三筆記錄	$B_{(1,1)}$	$B_{(1,2)}$
第四筆記錄	$B_{(2,1)}$	$B_{(2,2)}$

欄位 1 $A_{(1,1)}$, $A_{(2,1)}$, $B_{(1,1)}$, $B_{(2,1)}$ 整數型態
欄位 2 $A_{(1,2)}$, $A_{(2,2)}$, $B_{(1,2)}$, $B_{(2,2)}$ 整數型態

【範例檔案】1060305.SM

第一筆記錄	1,	2
第二筆記錄	3,	4
第三筆記錄	5,	6
第四筆記錄	7,	8

【報表輸出】

```
第五題結果：
[6    8]
[10   12]
```

```python
# Q5
# 導入 tkinter 模組並命名為 tk
import tkinter as tk

# 建立視窗並設定標題和尺寸
window = tk.Tk()
window.title('SD Q5')
window.geometry('400x300')

# 讀取檔案資料並轉成二維串列
with open('c:/test/1060305.SM', encoding='utf-8') as f:
    datas = f.readlines()
d = [i.strip().split(',') for i in datas]
d = [[int(x) for x in sublist] for sublist in d]

# 計算 c 串列的值
c = [[0,0],[0,0]]
c[0][0] = d[0][0] + d[2][0]
c[0][1] = d[0][1] + d[2][1]
c[1][0] = d[1][0] + d[3][0]
c[1][1] = d[1][1] + d[3][1]

# 格式化 r 串列的值
r = []
for i in c:
    if i[1]<10:
        r.append( '['+str(i[0])+' '*15+str(i[1])+']')
    else:
        r.append( '['+str(i[0])+' '*10+str(i[1])+']')
result = '\n'.join(r)

result = '第五題結果：\n'+result

result2_label = tk.Label(window, text=result, anchor="e",justify='left')
result2_label.pack()
window.mainloop()
```

12-6　1060306：身分證號碼檢查

【試題編號】11900-1060306

【試題名稱】身分證號碼檢查

【說　　明】某公司要申請薪資扣繳資料時，為了避免資料登入錯誤的狀況，要先檢查檔案資料內的身分證號碼是否正確。請依題意及以下功能動作要求，設計一程式處理之。

【功能動作要求】

1. 程式執行時需按範例畫面與「壹、試題使用說明」第五、六兩項規定設計。

   程式製作時，先以範例資料檔案 1060306.SM 進行測試。若結果與螢幕輸出範例相同時，再以測試檔案 1060306.T01 為輸入檔案完成受測。

   <u>測試檔案的筆數不同於範例資料檔案</u>

   <u>測試檔案型態格式和範例資料檔案相同</u>

2. 身分證號碼檢查原則如下：

   (A) 格式：共有十位，第一位為大寫字母，後九位為數字。表示如下：

L1	D1	D2	D3	D4	D5	D6	D7	D8	D9

   (B) 性別判定：D1 只可為 1 或 2，1 表男性、2 表女性。

   (C) 檢查辦法：

   (a) 字母 L1 由下列表中，找到其代號兩位，令其為 X1、X2。
       X1 為十位數，X2 為個位數。

字母	A	B	C	D	E	F	G	H	J	K	L	M	N
代號	10	11	12	13	14	15	16	17	18	19	20	21	22
字母	P	Q	R	S	T	U	V	X	Y	W	Z	I	O
代號	23	24	25	26	27	28	29	30	31	32	33	34	35

(b) 計算方法：

$$Y = X1 + 9 \times X2 + 8 \times D1 + 7 \times D2 + 6 \times D3 + 5 \times D4 + 4 \times D5 + 3 \times D6 + 2 \times D7 + D8 + D9$$

如果 Y 能被 10 整除，則表示此身分證號碼正確。

3. 輸入檔案的欄位及說明請參照「輸入檔案及資料格式」。並依上列原則檢查每筆資料並列印出下列錯誤狀況。

(A) 格式錯誤：依 2-(A)檢查若有錯，則列印 FORMAT ERROR。

(B) 性別錯誤：依 2-(B)檢查及核對檔案內的 D1 欄位是否符合，若有錯，則列印 SEX CODE ERROR（資料欄中 M 為男性，F 為女性）。

(C) 檢核數錯誤：依 2-(C)檢查若有錯，則列印 CHECK SUM ERROR。

註：請依(A)、(B)、(C)順序檢查，每筆資料只列印第一個檢查出的錯誤狀況。

4. 程式執行的結果，應按身分證號碼由小到大排序（請參考【輸出範例】）。

5. 將程式連同輸出結果，列印於報表上，並在報表右上角簽名，等評審完畢後繳交。

【輸入檔案及資料格式】1060306.SM 及 1060306.T01

1. 檔案型態：循序檔。

2. 檔案資料欄位如下：（各欄位間以逗號分隔）

	欄位 1	欄位 2	欄位 3
第一筆記錄	身分證號碼	姓名	性別
第二筆記錄	身分證號碼	姓名	性別
:	身分證號碼	姓名	性別
:	:	:	:

欄位 1 表示	身分證號碼	字元型態
欄位 2 表示	姓名	字元型態
欄位 3 表示	性別	字元型態

【範例檔案】1060306.SM

第一筆記錄	V120498032,	DARIUS,	M
第二筆記錄	B12X767544,	ISAAC,	M
第三筆記錄	H221930843,	ALICE,	M
第四筆記錄	G220977967,	ANGEL,	F
第五筆記錄	B220713002,	CATHY,	F
第六筆記錄	E221142995,	BETTY,	F
第七筆記錄	P220668834,	CLAIRE,	F
第八筆記錄	J220374186,	DELIA,	F
第九筆記錄	A102947623,	DENNIS,	M
第十筆記錄	F222490168,	DONA,	F

【輸出範例】

```python
# 匯入所需的模組
from tkinter import *
from tkinter import ttk
import tkinter as tk

# 建立視窗
win = Tk()
win.geometry("800x400")
win.title('身分證號碼檢查')

# 建立群組
group = tk.LabelFrame(win, text='應檢人資料')
group.pack()

# 建立表格資料
bdata = [
    ["姓名", "王小美", "術科測試編號", "11101123"],
    ["座號", "60", "考 試 日 期", "2022-03-05"]
]

# 在群組中建立表格
for rowN in range(2):
    for columnN in range(4):
        if columnN not in [1, 3]:
            t = Label(group, text=bdata[rowN][columnN])
        else:
            t = tk.Entry(group, width=10)
            t.insert(0, bdata[rowN][columnN])
        t.grid(row=rowN, column=columnN)

# 讀取檔案資料並檢查身分證號碼
with open('c:/test/106006.SM') as f:
    datas = f.readlines()

gd = []
for i in datas:
    errMsg = ''
    idno, name1, sex = i.strip().split(',')
    # 格式檢查
    L1 = idno[0]
    d = [0] * 10
    for i in range(1, 10):
```

```
            if '9' >= idno[i] >= '0':
                d[i] = int(idno[i])
            else:
                errMsg = 'FORMAT ERROR'

        if errMsg == '':
            # 性別檢查
            if not(d[1] == 1 and sex == 'M' or d[1] == 2 and sex == 'F'):
                errMsg = 'SEX CODE ERROR'

        if errMsg == '':
            # 安全碼檢查
            fn = 'ABCDEFGHJKLMNPQRSTUVXYWZIO'.find(L1) + 10
            x1 = fn // 10
            x2 = fn % 10
            y = x1 + 9 * x2
            k = 8
            for j in range(1, 8):
                y = y + k * d[j]
                k = k - 1
            y = y + d[8] + d[9]
            if not(y % 10 == 0):
                errMsg = 'CHECK SUM ERROR'

        t = [idno, name1, sex, errMsg]
        gd.append(t)

# 將檢查後的資料以 ID NO 順序排序，並建立表格
gd.sort()
hname = ["ID NO", "NAME", "SEX", "ERROR"]
tree = ttk.Treeview(win, column=hname, show='headings')
for i in hname:
    tree.column(i, anchor=W)
    tree.heading(i, text=i, anchor=W)

for i in range(len(gd)):
    tree.insert('', 'end', text="1", values=gd[i])

tree.pack()

# 開始執行視窗主迴圈
win.mainloop()
```

12-7 1060307：撲克牌比大小

【試題編號】11900-1060307

【試題名稱】撲克牌比大小

【說明】使用一副撲克牌進行多次之發牌及比牌程序，每次各發一張牌給莊家與玩家，再按照撲克牌之大小比牌決定雙方之輸贏，撲克牌之大小依序為 A > K > Q > J > 10 > 9> 8 > 7 > 6 > 5 > 4 > 3 > 2，不分花色，若兩張相同點數但不同花色，則為平手。發牌時以模擬隨機之機制來發牌，其做法為將數個（不大於 100 個）大於等於 0 且小於 1 之隨機數儲存於輸入檔中，當欲發牌時再由程式從輸入檔中讀出所儲存之隨機數做為發牌使用。輸入檔第 1 筆資料為發牌與比牌重複進行之次數，第 2 筆資料之後為隨機數。下圖為一副撲克牌按其花色及大小排列並逐一編號，其中數字即為各張牌之編號，而將一隨機數 × 52，並捨棄小數部分後所得之整數即可對應到圖中 52 張牌中之其中一張牌，其即為發牌之程序，但須注意同一張牌不可發出二次或二次以上，遇取得之牌張已發出時，則捨棄該牌張，重新另取一牌張。發牌完成後即進行比牌，按前述之撲克牌之大小比牌，較大者為贏家，若雙方點數相同則為平手。輸出範例之畫面上每一橫列即為每次發牌及比牌之結果，序號為每一橫列之編號，代表第幾次之發牌及比牌動作，莊家及玩家兩欄分別顯示莊家及玩家所持牌張之花色及點數，比牌結果則輸出莊家及玩家持牌之大小，若雙方點數相同則顯示『平手』，若莊家點數比較高則顯示『莊家贏』，反之，若玩家點數比較高則顯示『玩家贏』。畫面中花色符號之圖案其 UTF-8 編碼如下：

1. 花色 ♠{226, 153, 160}

2. 花色 ♥{226, 153, 165}

3. 花色 ♦{226, 153, 166}

4. 花色 ♣{226, 153, 163}

下列為產生各花色之程式碼，本程式碼僅供參考，最後繳交之程式碼不以此為限。

Dim suit(4) As String

Dim ba1() As Byte = {226, 153, 160}

```
Dim ba2() As Byte = {226, 153, 165}

Dim ba3() As Byte = {226, 153, 166}

Dim ba4() As Byte = {226, 153, 163}

suit(0) = Encoding.UTF8.GetString(ba1)

suit(1) = Encoding.UTF8.GetString(ba2)

suit(2) = Encoding.UTF8.GetString(ba3)

suit(3) = Encoding.UTF8.GetString(ba4)
```

【功能動作要求】

1. 程式執行時需按範例畫面與「壹、試題使用說明」第五、六兩項規定設計。

   程式製作時,先以範例資料檔案 1060307.SM 進行測試。若結果與螢幕輸出範例相同時,再以測試檔案 1060307.T01 為輸入檔案完成受測。

   <u>測試檔案的筆數不同於範例資料檔案</u>

   <u>測試檔案型態格式和範例資料檔案相同</u>

2. 讀取輸入檔第 1 筆資料以決定發牌及比牌進行之次數。

3. 每次莊家及玩家均以模擬隨機之機制各發 1 張牌,並將各家之持牌及點數分別顯示在莊家及玩家之欄位,發牌完成後進行比牌,比牌結果顯示在結果欄位,若雙方點數相同則顯示『平手』,若莊家點數比較高則顯示『莊家贏』,反之,若玩家點數比較高則顯示『玩家贏』(請參考【輸出範例】)。

4. 重複前述第 3 點之動作,直到進行之次數已達第 2 點所讀取到之次數,而其顯示之位置由最初第 1 列開始,隨後每次下移一列。每列之序號欄位為顯示第幾次之發牌及比牌動作。

5. 將程式連同輸出結果,列印於報表上,在報表右上角簽名,等評審完畢後繳交。

【輸入檔案及資料格式】1060307.SM 及 1060307.T01

1. 檔案型態：循序檔。

2. 檔案資料欄位如下：

欄位 1

	欄位 1
第一筆記錄	次數
第二筆記錄	隨機數
第三筆記錄	隨機數
：	：

第一筆記錄欄位 1　　　表示　次數　　整數 (integer) 型態

第二筆記錄之後欄位 1　表示　隨機數　浮點數 (floating) 型態

3. 筆數不固定，但一定不少於程式所需讀取之筆數。

【範例檔案】1060307.SM

第一筆記錄	5
第二筆記錄	0.82374
第三筆記錄	0.82
第四筆記錄	0.12786
第五筆記錄	0.678
第六筆記錄	0.89423759
第七筆記錄	0.5
第八筆記錄	0.001
第九筆記錄	0.1269
第十筆記錄	0.27489
第十一筆記錄	0.823
第十二筆記錄	0.478326

第十三筆記錄	0.89342
第十四筆記錄	0.4328
第十五筆記錄	0.098324
第十六筆記錄	0.923
第十七筆記錄	0.03124

【輸出範例】

【題目要求】

1. 讀取輸入檔第 1 筆資料以決定發牌及比牌進行之次數。

2. 每次莊家及玩家均以模擬隨機之機制各發 1 張牌，並將各家之持牌及點數分別顯示在莊家及玩家之欄位，發牌完成後進行比牌，比牌結果顯示在結果欄位，若雙方點數相同則顯示『平手』，若莊家點數比較高則顯示『莊家贏』，反之，若玩家點數比較高則顯示『玩家贏』（請參考【輸出範例】）。

3. 重複前述第 3 點之動作，直到進行之次數已達第 2 點所讀取到之次數，而其顯示之位置由最初第 1 列開始，隨後每次下移一列。每列之序號欄位為顯示第幾次之發牌及比牌動作。

（註：題目要求第 1 點，無需注意事項，故省略）

程式碼主要的功能包括：

1. 建立 GUI 畫面。

2. 輸入應檢人資料。

3. 讀取指定檔案中的數據。

4. 比較隨機生成的撲克牌大小，並顯示比較結果。

5. 使用 ttk.Treeview 套件顯示結果。

```python
# 程式名稱：撲克牌比大小

# 模組載入
from tkinter import *
from tkinter import ttk
import tkinter as tk

# 建立視窗
win = Tk()
win.geometry("800x400")
win.title('撲克牌比大小')

# 建立應檢人資料框架
group = tk.LabelFrame(win, text='應檢人資料')
group.pack(padx=10, pady=10)

# 建立應檢人資料表格
bdata = [
    ["姓名", "王小美", "術科測試編號", "11101123"],
    ["座號", "60", "考 試 日 期", "2022-03-05"]
]

for rowN in range(2):
    for columnN in range(4):
        if columnN not in [1, 3]:
            t = Label(group, text=bdata[rowN][columnN])
        else:
            t = tk.Entry(group, width=10)
            t.insert(0, bdata[rowN][columnN])
        t.grid(row=rowN, column=columnN)

# 讀取資料
with open('c:/test/1060307.SM') as f:
    datas = f.readlines()

n = int(datas[0])
rd = []
for i in range(1, len(datas)):
    t = int(float(datas[i]) * 52)
    rd.append(t)

# 去重複、計算比大小
```

```python
gd = []
rd1 = []
for i in rd:
    if i not in rd1:
        rd1.append(i)
j = 1
for i in range(0, n * 2, 2):
    p = rd1[i]                  # p:玩家
    pn = p % 13 + 1             # pn:玩家牌數字
    pf = p // 13                # pf:玩家牌花色
    b = rd1[i + 1]             # b:莊家
    bn = b % 13 + 1             # bn:莊家牌數字
    bf = b // 13                # bf:莊家牌花色
    msg = ''
    if pn > bn:
        msg = '玩家贏'
    if pn == bn:
        msg = '平手'
    if pn < bn:
        msg = '莊家贏'
    rn = ['', 'A', '2', '3', '4', '5', '6', '7', '8', '9', '10', 'J', 'Q', 'K']
    rf = ['\u2660', '\u2665', '\u2666', '\u2663']    #牌花色utf-8碼
    t = [j, rf[pf] + rn[pn], rf[bf] + rn[bn], msg]
    gd.append(t)
    j = j + 1

# 建立結果表格
hname = ["序號", "玩家", "莊家", "結果"]
tree = ttk.Treeview(win, column=hname, show='headings')

for i in hname:
    tree.column(i, anchor=W)
    tree.heading(i, text=i, anchor=W)

for i in range(len(gd)):
    tree.insert('', 'end', text="1", values=gd[i])

tree.pack()

# 執行主程式
win.mainloop()
```

12-8 1060308：分數加、減、乘、除運算

【試題編號】11900-1060308

【試題名稱】分數加、減、乘、除運算

【說明】下表列出分數的四則運算法則。

運算	範例	公式
加法	b/a + y/x	(bx+ay) / ax
減法	b/a - y/x	(bx-ay) / ax
乘法	b/a * y/x	by / ax
除法	b/a / y/x	bx / ay

請依題意及以下的功能動作要求，設計一程式以求出每一組分數之間的運算結果。

【功能動作要求】

1. 程式執行時需按範例畫面與「壹、試題使用說明」第五、六兩項規定設計。

   （程式製作時，先以範例資料檔 1060308.SM 進行測試。若結果與螢幕輸出範例相同時，再以測試檔案 1060308.T01 為輸入檔案完成受測）。

   測試檔案的筆數不同於範例資料檔案

   測試檔案型態格式和範例資料檔案相同

2. 讀取資料檔後，按運算符號不同，分別計算分數的運算結果。

3. 分數運算結果如果仍為一分數，則必須將之簡化（約分）。

4. 運算結果或約分後，若為整數，則應以整數結果顯示。

5. 將程式執行結果顯示於螢幕上（請參考【輸出範例】）。

6. 將程式連同輸出結果，列印於報表上，在報表右上角簽名，等評審完畢後繳交。

【輸入檔案及資料格式】 1060308.SM 及 1060308.T0l

1. 檔案型態：循序檔。

2. 檔案資料欄位如下：（各欄位間以逗號分隔）

	欄位 1	欄位 2	欄位 3	欄位 4	欄位 5
第一筆記錄	分子 1	分母 1	運算符號	分子 2	分母 2
第二筆記錄	分子 1	分母 1	運算符號	分子 2	分母 2
第三筆記錄	分子 1	分母 1	運算符號	分子 2	分母 2
...	...	...	...	...	...

欄位 1 表示	分子 1	整數型態
欄位 2 表示	分母 1	整數型態
欄位 3 表示	運算符號	表示 一個字元(+、-、*、/)
欄位 4 表示	分子 2	整數型態
欄位 5 表示	分母 2	整數型態

【範例檔案】 1060308.SM

第一筆記錄	3,	2,	*,	6,	9
第二筆記錄	4,	7,	/,	3,	4
第三筆記錄	5,	6,	+,	1,	3
第四筆記錄	1,	4,	/,	6,	7
第五筆記錄	6,	10,	-,	12,	20
第六筆記錄	21,	47,	*,	3,	7
第七筆記錄	11,	13,	/,	1,	2
第八筆記錄	4,	15,	-,	2,	9

【輸出範例】

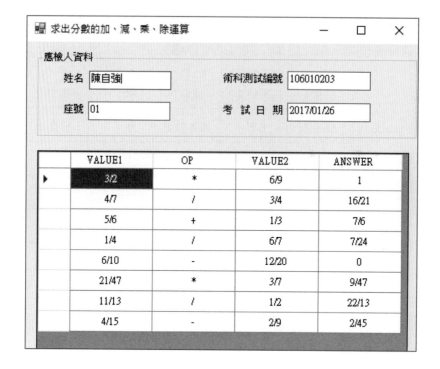

【題目要求】

分數加、減、乘、除運算

依照數學公式對資料做分數的加、減、乘、除運算

運算	範例	公式
加法	b/a + y/x	(bx+ay) / ax
減法	b/a - y/x	(bx-ay) / ax
乘法	b/a * y/x	by / ax
除法	b/a / y/x	bx / ay

計算完成後，若是結果為：

- 仍為一分數：則必須將之簡化（約分）

- 約分後若為整數：則應以整數結果顯示

【答題方法】

資料解釋：以第 1 筆資料為例

分數的乘法運算

$$\frac{\text{分子 1}}{\text{分母 1}} \frac{3}{2} \quad \frac{\text{運算}}{\text{符號}} * \frac{\text{分子 2}}{\text{分母 2}} \frac{6}{9} \Rightarrow \frac{3}{2} * \frac{6}{9} = \frac{3*6}{2*9} = \frac{18}{18} = \frac{1}{1} = 1$$

- 根據第 3 欄運算符號給予不同運算公式。

- 將步驟 1 運算結果做「約分」動作。

- 判斷步驟 2 結果是否可轉換為「整數」。

```python
import tkinter as tk
from tkinter import *
from tkinter import ttk


# 建立主視窗
win = Tk()
win.geometry("800x400")
win.title('求出分數的加、減、乘、除運算')


# 建立一個 LabelFrame 元件，用來顯示應檢人資料
group = tk.LabelFrame(win, text='應檢人資料')
group.pack(padx=10, pady=10)

# 應檢人資料
bdata = [
    ["姓名", "王小美", "術科測試編號", "11101123"],
    ["座號", "60", "考試日期", "2022-03-05"]
]
```

```
# 顯示應檢人資料
for rowN in range(2):
    for columnN in range(4):
        if columnN % 2 == 0:
            t = Label(group, text=bdata[rowN][columnN])
        else:
            t = tk.Entry(group, width=10)
            t.insert(0, bdata[rowN][columnN])
        t.grid(row=rowN, column=columnN)


# 讀取檔案
with open('c:/test/106008.SM') as f:
    datas = f.readlines()


# 計算結果並儲存
gd = []
for i in datas:
    b, a, op, y, x = i.strip().split(',')
    b, a, y, x = int(b), int(a), int(y), int(x)

    if op == '+':
        top = b * x + a * y
        down = a * x
    elif op == '-':
        top = b * x - a * y
        down = a * x
    elif op == '*':
        top = b * y
        down = a * x
    elif op == '/':
        top = b * x
        down = a * y

    # 約分
    gcd = 1
    for i in range(1, top):
        if top % i == 0 and down % i == 0:
```

```
            gcd = i
    top = top / gcd
    down = down / gcd

    # 轉換格式
    v1 = str(b) + '/' + str(a)
    v2 = str(y) + '/' + str(x)
    ans = str(int(top)) + '/' + str(int(down))
    if top == down:
        ans = '1'
    if top == 0:
        ans = '0'

    # 加入串列
    t = [v1, op, v2, ans]
    gd.append(t)

# 顯示結果
hname = ["VALUE1", "OP", "VALUE2", "ANSWER"]
tree = ttk.Treeview(win, column=hname, show='headings')

# 設定表格欄位
for i in hname:
    tree.column(i, anchor=CENTER)
    tree.heading(i, text=i)

# 設定表格內容
for i in range(len(gd)):
    tree.insert('', 'end', text="1", values=gd[i])

tree.pack()
win.mainloop()
```

補充

```
#應檢人資料處理方法二
# label1 = Label(group, text="姓名").grid(row=0, column=0)
# t1=tk.Entry(group,width=10)
# t1.insert(0,"王小美")
# t1.grid(row=0,column=1)

# label2 = Label(group, text="座號").grid(row=1, column=0)
# t2=tk.Entry(group,width=10)
# t2.insert(0,"60")
# t2.grid(row=1, column=1)

# label3 = Label(group, text="術科測試編號").grid(row=0, column=2)
# t3=tk.Entry(group,width=10)
# t3.insert(0,"111010123")
# t3.grid(row=0, column=3)

# label4 = Label(group, text="考  試  日  期").grid(row=1, column=2)
# t4=tk.Entry(group,width=10)
# t4.insert(0,"2022-03-05")
# t4.grid(row=1, column=3)
```

12-9　練習題

1. 看本章題目，看答案，照著做做看。

2. 看本章題目，不看答案，再做做看。

3. 看本章題目，不看答案，用另一種方法，再做做看。

13

CHAPTER

程式設計比賽試題參考題實作

- 解題標準結構說明
- 磅數公斤
- 整數商餘
- 四數有權重相加
- 華氏轉攝氏
- 錢
- **BMI**
- 所有位數值平方和
- 快樂數
- 完美數
- 噁爛數
- 阿姆斯壯數
- 重複文字只保留第一次出現者
- 質因數
- 輸出星期幾
- 四數有權重相加再算費波那契數
- 漢明距離
- 排序（Sort）練習
- 氣泡排序（Bubble Sort）
- 二維矩陣
- 二維矩陣 II
- OX 棋

比賽對於程式設計學習者，是一個可以展示技能和創造力的機會，並能與其他有才華的人一起競爭。參與比賽也可以幫助他們學習新技術和挑戰自己的限制，進而提高自己的技能和知識水平。

觀摩比賽選手的解題技巧，也是提昇程式設計能力的好方法。我們就由程式設計比賽參考題開始吧！

13-1 解題標準結構說明

```
while True:
    try:
        ...
        ...
    except:
        break
```

程式碼中的 while True 代表無限循環，因為其條件為 True，所以會一直循環下去。如果 try 塊中的代碼出現異常，則會跳轉到 except 塊中，使用了 break 關鍵字來終止 while 循環，因此程式會退出。

13-2 磅數公斤

由使用者輸入磅數，請轉為公斤數再輸出。

註：(1) 1 磅=0.454 公斤（1 磅=~0.45359237 公斤）（大約）。

　　(2) 輸入值可能有小數，不會是負數。

　　(3) 輸出值小數留 2 位，四捨五入。

提示：num 取小數 2 位，四捨五入

　　　num = round(num, 2)

Input

1	10
2	23
3	10.2
4	23.88
5	23.87
6	100
7	1000
8	10000
9	100000

Output

1	4.54
2	10.44
3	4.63
4	10.84
5	10.84
6	45.4
7	454.0
8	4540.0
9	45400.0

資料來源:https://zerojudge.ntub.tw/team

```
while True:
    try:
        r = 0.454
        p = float(input())
        k = round(r*p,2)
        print(k)
    except:
        break
```

在 try 塊中，r 被賦值為 0.454，p 為使用者輸入的數值，這裡使用了 input() 函數來獲取使用者輸入的值，該函數返回的是一個字串，因此需要使用 float() 函數將其轉換為浮點數類型。接下來，k 被賦值為 r*p 的乘積，並使用 round() 函數將其四捨五入到小數點後兩位。最後，使用 print() 函數輸出 k 的值。

13-3 整數商餘

輸入兩整數 m、n，輸出 m 除以 n 之商及餘數。

在 Python 有兩種除法：

1. 使用 / 運算得出商的結果是浮點數。7/2 = 3.5

2. 使用 // 運算得出商的結果是整數。7//2 = 3

3. 用 % 來得到整除後的餘數，求餘數。7%2 = 1，7%4 = 3

Input

1	7 2
2	7 4

Output

1	3 1
2	1 3

資料來源：https://zerojudge.ntub.tw/team

```
while True:
    try:
        a,b = map(int,input().split())
        print(a//b,a%b)
    except:
        break
```

1. 使用 map() 函數將輸入的四個值轉換成整數型別並儲存在變數 a、b、中。

2. 以 a//b,a%b 算出整數商及餘。

13-4 四數有權重相加

輸入：四個數字 abcd 有權重的相加　輸出：56*a + 24*6 + 14*c + 6*d

輸入

輸入有若干列，每列為一組試資料。輸入的每一列有四個整數。輸入以 EOF 作為結束。

輸出

對於所輸入的每一列有四個整數，要各別輸出一列，依公式有棲重的相加。

範例輸入輸出

範例輸入|

```
1   1 1 1 1
2   1 10 100 1000
```

範例輸出|

```
1   100
2   7696
```

資料來源：https://zerojudge.ntub.tw/team

```python
while True:
    try:
        a,b,c,d = map(int,input().split())
        s = a*56+b*24+c*14+d*6
        print(s)
    except:
        break
```

1. 用 input() 函數，等待使用者輸入數據，使用者輸入的數據會以空格分隔的形式被讀入。

2. 使用 map() 函數將輸入的四個值轉換成整數型別並儲存在變數 a、b、c、d 中。

3. 計算 s 的值，s = a * 56 + b * 24 + c * 14 + d * 6。

4. 輸出 s 的值。

13-5 華氏轉攝氏

溫度單位

- 華氏 oF（Fahrenheit）：僅剩美國在使用。
- 攝氏 oC（Celsius）：目前大多數的國家使用的。

華氏與攝氏溫度的關係是：$C = (F - 32) * 5 / 9$

輸入華氏溫度，輸出攝氏溫度。小數部分請無條件捨去。

Input

```
1    60
2    100
3    32
4    -20
5    0
```

Output

```
1    C=15
2    C=37
3    C=0
4    C=-28
5    C=-17
```

資料來源：https://zerojudge.ntub.tw/team

```python
while True:
    try:
        f = int(input())
        c = (f-32)*5/9
        if c>=0:
            c = int(c)
        else:
            c = -(int(-c))
        print(f'C={c}')
    except:
        break
```

輸入的整數會被指派給變數 f，然後進行攝氏溫度的計算。如果計算結果是正數，就會將其轉換為整數顯示；否則，就會將其轉換為負數顯示。最後，程式會以 C=xx 的格式輸出攝氏溫度。

13-6 錢

周杰倫 A，蔡依林 B 和 JJ，三個人都有錢。

- 1. 周杰倫 A 和蔡依林 B 加起來有 X 元。$A + B = X$
- 2. 蔡依林 B 和 JJ 加起來有 Y 元。$B + JJ = Y$
- 3. 周杰倫 A 和 JJ 加起來有 Z 元。$A + JJ = Z$

每個人有多少元？

輸入：三個正偶數 $X\ Y\ Z$ 數字　輸出：周杰倫 A 蔡依林 B JJ，每個人各多少元。

Input

```
1    170 160 190
2    168 158 188
```

Output

```
1    100 70 90
2    99 69 89
```

資料來源：https://zerojudge.ntub.tw/team

```
while True:
    try:
        x,y,z = map(int,input().split())
        s = (x+y+z)/2
        jj = s-x
        a = s-y
        b = s-z
        print(f'{a:.0f} {b:.0f} {jj:.0f}')
    except:
        break
```

程式使用 input() 函數讀取一行使用者輸入，並將其傳遞給 map() 函數。map() 函數可以將輸入分割為三個整數 x，y 和 z。

題目三個條件左式相加及右式相加為 2（a+b+jj）=x+y+z，所以使用 s = (x+y+z)/2 算出三個人總共有多少錢 s，然後依題目所給條件依次算出 a，b 和 jj。最後，程式會使用 print() 函數輸出 a，b 和 jj 的整數值，並使用格式化字串的方式將它們顯示出來。

13-7　BMI

身高體重指數（英語：Body Mass Index，簡稱 BMI），又稱身體質量指數，是由一個人的質量（體重）和身高計算出的一個數值。BMI 的定義體重除以身高的平方，以公斤/平方公尺為單位表示，由體重（公斤）和身高（公尺）得出：

$$BMI = \frac{w}{h^2}$$

其中 w 為體重（weight）；h 為身高（height）。

提示：

```
1    # 計算 BMI
2    bmi = weight / ((height/100)**2)
3
4    #BMI 取小數 2 位,四捨五入
5    bmi = round(bmi, 2) 123456
```

```
1    bmi=w/pow(1/100,2);
2    coute< setiosflags(ios::fixed) << setprecision(2) << bmi <e endl; 12
```

輸入

輸入有若干列，每列為一組測試資料。輸入的每一列有二個整數。

輸入包含有二個整數 weight height。weight：代表體重，單位公斤；height：代表身高。單位公分。

輸入以 EOF 作為結束。

輸出

對於所輸入的每一列有二個整數，要各別輸出一列，計算 BMI。

BMI 取小數 2 位，四捨五入。

範例輸入輸出

範例輸入 Input

1	72 178
2	34 160
3	45 160
4	100 100
5	61 101

範例輸出 Oput

1	22.72
2	13.28
3	17.58
4	100.0
5	59.8

資料來源：https://zerojudge.ntub.tw/team

```python
while True:
    try:
        w,h = map(float,input().split())
        bmi = w/(h/100)**2
        msg = f'{bmi:.02f}'
        if msg[-1]=='0':
            msg = msg[:-1]
        print(msg)
    except:
        break
```

1. 將前兩個輸入作為體重和身高（以浮點數的形式）讀入，然後計算 BMI 指數（體重（公斤）/身高的平方（以米為單位））。

2. 程式會格式化 BMI 值並儲存在 msg 變數中，格式化的方式是將其四捨五入為小數點後兩位，並將其轉換為字串。

3. 檢查 msg 的最後一個字符是否為零，如果是零，則從 msg 中刪除最後一個字符。

4. 將 msg 印出。

13-8 所有位數值平方和

類別說明：

1. 類別名稱：Number

2. 靜態方法：(1) squSum(num)，所有個數平方和

   傳入值型態：int
   回傳值型態：int
   回傳值說明：num 的所有位數值的平方和

   > 例如：123 所有個數平方和 = $1**2 + 2**2 + 3**2 = 14$
   >
   > 3456 所有個數平方和 = $3**2 + 4**2 + 5**2 + 6**2 = 86$

主程式說明：

(1) 輸入：由鍵盤輸入測試值並轉成 int 型態

(2) 處理：呼叫 Number 靜態方法，取得回傳值

(3) 輸出：印出回傳值

測試(1)：

輸入

```
123
```

輸出

```
14 (1**2 + 2**2 + 3**2 = 14)
```

測試(2)：

輸入

```
3456
```

輸出

```
86 (3**2 + 4**2 + 5**2 + 6**2)
```

資料來源：https://zerojudge.ntub.tw/team

```
def squSum(a):
    exp = len(str(a))
    b = [int(i)**2 for i in str(a)]
    return ( sum(b))


a = int(input())
print(squSum(a))
```

說明如下：

```
# 定義名為 squSum 的函式，接收一個整數作為引數
def squSum(a):
```

```
# 將整數轉換為字串，取得字串長度
exp = len(str(a))
```

```
# 將整數轉換為字串，逐一取得每個字元的平方，並存入一個串列中
b = [int(i)**2 for i in str(a)]
```

```
# 回傳串列 b 中所有元素的總和
return ( sum(b))
```

```
# 要求使用者輸入一個整數，並將其轉換為整數型態
a = int(input())
```

```
# 呼叫名為 squSum 的函式，將 a 作為引數傳入，並印出回傳值
print(squSum(a))
```

13-9 快樂數

類別說明：

1. 類別名稱：Number

2. 靜態方法：(1) happy(num)，是否為快樂數

   傳入值型態：int
   回傳值型態：bool
   回傳值說明：如果 num 是快樂數則回傳 True，否則回傳 False

什麼是快樂數？

某個數字所有數位的平方和等於 1，或是由此平方和再次求所有位數位的平方和，如此重複進行的最終結果必為 1。

什麼不是快樂數？

某個數字所有數位的平方和不等於 1，或是由此平方和再次求所有位數位的平方和，如此重複進行時發現某次不等於 1 的平方和已在先前的平方和出現過。

(1)　例如：28 是快樂數，原因如下：

$$28 \rightarrow 2*2 + 8*8 = 68$$

$$\rightarrow 6*6 + 8*8 = 100$$

$$\rightarrow 1*1 + 0*0 + 0*0 = 1 （快樂數）$$

(2)　例如：15 不是快樂數，原因如下：

$$15 \rightarrow 1*1 + 5*5 = 26$$

$$\rightarrow 2*2 + 6*6 = 40$$

$$\rightarrow 4*4 + 0*0 = 16$$

$$\rightarrow 1*1 + 6*6 = 37$$

$$\rightarrow 3*3 + 7*7 = 58$$

$$\rightarrow 5*5 + 8*8 = 89$$

$$\rightarrow 8*8 + 9*9 = 145$$

$\rightarrow 1*1 + 4*4 + 5*5 = 42$

$\rightarrow 4*4 + 2*2 = 20$

$\rightarrow 2*2 = 4$

$\rightarrow 4*4 = 16$（與前面的平方和相同，不是快樂數）

主程式說明：

(1) 輸入：由鍵盤輸入測試值並轉成 int 型態

(2) 處理：呼叫 Number 靜態方法，取得回傳值

(3) 輸出：印出回傳值

測試(1)：

輸入

```
28
```

輸出

```
True
```

測試(2)：

輸入

```
15
```

輸出

```
False
```

資料來源：https://zerojudge.ntub.tw/team

```
def happy(n):
    a = [int(i)**2 for i in str(n)]
    if sum(a)==1:
        return True
    while sum(a)!=1 :
        if sum(a) in b:
            return False
        else:
            b.append(sum(a))
            n = sum(a)
            a = [int(i)**2 for i in str(n)]
    return True
while True:
    try:
        b = []
        n = int(input())
        if happy(n)==True:
            print('True')
        else:
            print('False')
    except:
        break
```

說明如下：

```
# 定義一個名為 'happy' 的函式，接受一個整數作為輸入。
def happy(n):
    # 建立一個名為 'a' 的串列，將輸入數字 'n' 的每個位數轉換為整數，然後平方。
    a = [int(i)**2 for i in str(n)]
    # 如果平方後的數字加總為 1，返回 True。
    if sum(a)==1:
        return True
    # 否則，循環直到平方後的數字加總為 1 或已經出現過。
    while sum(a)!=1 :
        # 如果當前的加總曾經出現過，返回 False。
        if sum(a) in b:
            return False
        # 否則，將當前的加總加入串列 'b'，更新輸入數字 'n' 為當前的加總，並為新的輸入
數字建立一個新的平方數字串列 'a'。
```

```
        else:
            b.append(sum(a))
            n = sum(a)
            a = [int(i)**2 for i in str(n)]
    # 如果循環結束是因為加總為 1，返回 True。
    return True


# 開始一個無限循環，一直接受輸入直到出現異常。
while True:
    try:
        # 建立一個空串列 'b'，並接受一個輸入整數 'n'。
        b = []
        n = int(input())
        # 如果函式 'happy' 對於輸入的數字返回 True，則輸出 'True'；否則，輸出
'False'。
        if happy(n)==True:
            print('True')
        else:
            print('False')
    # 如果出現異常（例如沒有更多輸入），退出循環。
    except:
        break```
```

13-10 完美數

類別說明：

1. 類別名稱：Number

2. 靜態方法：(1) isPerfect(num)，是否為完美數

   傳入值型態：int
   回傳值型態：bool
   回傳值說明：如果 num 是完美數則回傳 True，否則回傳 False

什麼是完美數？

如果將整數的所有因數（不包括自己）相加總和等於自己，該數就稱為完美數。

例如：28 的因數有 1, 2, 4, 7, 14, 28。除了自己外，其他的因數總和 = 1 + 2 + 4 + 7 + 14 = 28 = 自己，所以 28 是完美數。

主程式說明：

(1) 輸入：由鍵盤輸入測試值並轉成 int 型態

(2) 處理：呼叫 Number 靜態方法，取得回傳值

(3) 輸出：印出回傳值

測試(1)：

輸入

```
28
```

輸出

```
True  (1+2+4+7+14 = 28)
```

測試(2)：

輸入

    120

輸出

    False (1+2+3+…+60 = 240, 不等於 120)

資料來源：https://zerojudge.ntub.tw/team

```
def isPerfect(a):
    b = [int(i) for i in range(1,a) if a%i==0]
    return ( a == sum(b))

a = int(input())
print(isPerfect(a))
```

1. 程式碼的 isPerfect(a) 函式接受一個正整數 a 作為輸入，然後建立一個串列 b，
    其中包含所有小於 a 的正整數，且這些正整數是 a 的因數。

2. 使用 sum 函式來計算 b 串列中的所有元素之和，最後判斷這個和是否等於 a。
    如果相等，那麼這個函式就會返回 True，否則返回 False。

13-11 噁爛數

類別說明：

1. 類別名稱：Number

2. 靜態方法：(1) ugly(num)，是否為噁爛數

   傳入值型態：int
   回傳值型態：bool
   回傳值說明：如果 num 是噁爛數則回傳 True，否則回傳 False

什麼是噁爛數？

如果數的質因數不包括 2, 3, 5 以外的數，它就是噁爛數。

例如： 1024 的質因數只有 2，沒有(2, 3, 5)以外的數，它是噁爛數。

　　　235 的質因數有 5 和 7，有(2, 3, 5)以外的數，它不是噁爛數。

主程式說明：

(1) 輸入：由鍵盤輸入測試值並轉成 int 型態

(2) 處理：呼叫 Number 靜態方法，取得回傳值

(3) 輸出：印出回傳值

測試(1)：

輸入

```
1024
```

輸出

```
True (1024 的質因數: 2)
```

測試(2)：

輸入

235

輸出

False (235 的質因數: 5, 47)

資料來源：https://zerojudge.ntub.tw/team

```python
def primeFactors(a):
    b = [int(i) for i in range(2,a) if a%i==0 and isprime(i)]
    return ( b)

def isprime(n):
    for i in range(2,int(n**0.5)+1):
        if n%i==0:
            return False
    return True

def isugly(n):
    for i in primeFactors(a):
        if i not in [2,3,5]:
            return False
    return True


a = int(input())
print(isugly(a))
```

1. primeFactors(a) 函數會回傳整數 a 的所有質因數，並且這些質因數只會是小於 a 的正整數中，同時是質數的數字。

2. isprime(n) 函數是用來判斷一個整數 n 是否為質數，其會利用一個迴圈從 2 到 n 的開根號，檢查是否有能整除 n 的數字，若有則表示 n 不是質數，會回傳 False。反之，若檢查完整個迴圈都沒有找到能整除 n 的數字，則表示 n 是質數，會回傳 True。

3. isugly(n) 函數會呼叫 primeFactors(a) 函數，找出整數 a 的所有質因數，並且檢查是否有質因數不是 2、3、5 之一，若有則回傳 False。反之，若 a 的所有質因數都只包含 2、3、5，則表示 a 是噁爛數，回傳 True。

13-12 阿姆斯壯數

類別說明：

1. 類別名稱：Number

2. 靜態方法：(1) isArmstrong(num)，是否為阿姆斯壯數

   傳入值型態：int
   回傳值型態：bool
   回傳值說明：如果 num 是阿姆斯壯數則回傳 True，否則回傳 False

什麼是阿姆斯壯數？

假設數字有 n 位數，如果此數字的每個位數的 n 次方總和，等於自己，稱為阿姆斯壯數。

例如：1634 是 4 位數，而 1634 每個位數 4 次方的總和 = (1 的 4 次方) + (6 的 4 次方) + (3 的 4 次方) + (4 的 4 次方) = 1634 = 自己，所以 1634 是阿姆斯壯數。

主程式說明：

(1) 輸入：由鍵盤輸入測試值並轉成 int 型態

(2) 處理：呼叫 Number 靜態方法，取得回傳值

(3) 輸出：印出回傳值

測試(1)：

輸入

```
153
```

輸出

```
True (1**3 + 5**3 + 3**3 = 153, 等於自己)
```

測試(2)：

輸入

```
12345
```

輸出

```
False (1**5 + 2**5 + 3**5 + 4**5 + 5**5 = 4425, 4425 不等於 12345)
```

資料來源：https://zerojudge.ntub.tw/team

```
def isAmstrong(a):
    exp = len(str(a))
    b = [int(i)**exp for i in str(a)]
    return ( a == sum(b))

a = int(input())
print(isAmstrong(a))
```

1. 程式碼的第一行 def isAmstrong(a): 定義了一個帶有一個參數 a 的函數。函數體的第一行 exp = len(str(a)) 獲取變數 a 的位數，即該數字的數字位數。

2. 接下來的一行 b = [int(i)**exp for i in str(a)] 建立一個包含 a 的每個位數的指數的串列。最後，函數的最後一行 return (a == sum(b)) 檢查 a 是否等於 b 中每個元素的總和，如果是，則返回 True，否則返回 False。

13-13 重複文字只保留第一次出現者

類別說明：

1. 類別名稱：MyStr

2. 靜態方法：

(1) keepFirst(s)

傳入值型態：str
回傳值型態：str
處理說明：s 中的重複字母只保留第一次出現者，並回傳。
例如：abacdaebc，轉成 abcde

(2) keepLast(s)

傳入值型態：str
回傳值型態：str
處理說明：s 中的重複字母只保留第一次出現者，並回傳。
例如：abacdaeabc，轉成 deabc

主程式說明：

(1) 輸入：由鍵盤輸入測試值

(2) 處理：呼叫 MyStr 的靜態方法

(3) 輸出：依序印出最早出現及最晚出現的相同文字回傳值

測試(1)：

輸入

abacdaebc

輸出

abcde （只留最早出現的相同文字）
daebc （只留最晚出現的相同文字）

測試(2)：

輸入

```
fjgipqrgfjq
```

輸出

```
fjgipqr
iprgfjq
```

資料來源：https://zerojudge.ntub.tw/team

```python
def keepFirst(a):
    b =[]
    for i in a:
        if i not in b:
            b.append(i)
    return ''.join(b)
a = input()
print(keepFirst(a))
print((keepFirst(a[::-1]))[::-1])
```

這段程式碼定義了函數 keepFirst，接受一個字串作為參數，然後將這個字串中出現的第一個字元保留下來，刪除其餘相同的字元，最後返回一個新的字串。

函數中的第一個操作是建一個空串列 b。然後，對於字串中的每個字符，如果該字符還沒有在串列 b 中出現過，就將其添加到 b 中。這樣做可以保留每個字符在原始字串中第一次出現的位置，而將重複出現的字符去除。

使用 input() 函數來讀取一個字串 a，然後分別將 a 和 a 的反轉字串傳遞給 keepFirst 函數。最後，使用 print 函數分別印出處理後的字串和反轉後再處理的字串。

13-14 質因數

類別說明：

1. 類別名稱：Number

2. 靜態方法：(1) primeFactors(num)，所有質因數

   傳入值型態：int
   回傳值型態：list
   回傳值說明：計算 num 的所有質因數並加入 list 中，內容必須由小至大排列，
   　　　　　　例如：傳入 120，回傳 [2, 3, 5]。

什麼是質因數？

如果數值 A 可以整除數值 B，而 A 除了 1 與自己外沒有其他因數，則 A 是 B 的質因數。例如：：5 可以整除 120，而 5 除了 1 和自己外沒有其他因數，所以 5 是 120 的質因數。

主程式說明：

(1) 輸入：由鍵盤輸入測試值並轉成 int 型態

(2) 處理：呼叫 Number 靜態方法，取得回傳值

(3) 輸出：印出回傳值

測試(1)：

輸入

128

輸出

[2]

測試(2)：

輸入

```
120
```

輸出

```
[2, 3, 5]
```

資料來源：https://zerojudge.ntub.tw/team

```
def primeFactors(a):
    b = [int(i) for i in range(2,a) if a%i==0 and isprime(i)]
    return ( b)

def isprime(n):
    for i in range(2,int(n**0.5)+1):
        if n%i==0:
            return False
    return True

a = int(input())
print(primeFactors(a))
```

1. isprime(n) 函數用於檢查一個數字是否為質數，如果是則返回 True，否則返回 False。

2. primeFactors(a) 函數接受一個正整數 a 作為參數，它追蹤 2 到 a-1 中所有可以整除 a 並且是質數的數字，將其儲存在一個串列 b 中，然後返回該串列。

13-15 輸出星期幾

給你 2021 年的某月某日，輸出星期幾。

Input

第一行有個 T 代表詢問的日期數（T<=100）

接下來有 T 行，每行都有一組 M、D 分別代表某月某日。

```
 1   9
 2   1 6
 3   2 28
 4   4 5
 5   5 26
 6   8 1
 7   11 1
 8   12 25
 9   12 31
10   3 9
```

Output

輸出那天星期幾。

```
 1   Wednesday
 2   Sunday
 3   Monday
 4   Wednesday
 5   Saturday
 6   Tuesday
 7   Sunday
 8   Monday
 9   Friday 123456789
```

資料來源：https://zerojudge.ntub.tw/team

```
def days(m,d):
    mr = [0,31,28,31,30,31,30,31,31,30,31,30,31]
    ds = sum(mr[:m]) + d
    return ds
def weekdays(n):
    wd = (n+4)%7
    return
['Sunday','Monday','Tuesday','Wednesday','Thursday','Friday','Saturday'][
wd]
while True:
    try:
        n = int(input())
        for i in range(1,n+1):
            m,d =map(int, input().split())
            # print(m,d)
            # print(days(m,d))
            print(weekdays(days(m,d)))
    except:
        break
```

1. 定義兩個函數，days(m,d) 和 weekdays(n)，用於計算日期和星期幾。

2. 程式使用一個無窮迴圈來持續讀取使用者輸入，直到使用者輸入異常或中斷程式為止。

3. 程式碼會讀取兩個整數 m 和 d，分別表示日期的月份和日期。然後，程式碼會呼叫 days(m,d) 函數計算出從 1 月 1 日到該日期的天數，再呼叫 weekdays(n) 函數計算該日期是星期幾。

4. 程式碼會將星期幾以字串形式輸出。

5. 這個程式碼的核心邏輯是使用串列 mr 來儲存每個月的天數，然後使用 sum 函數來計算從 1 月 1 日到該日期的天數。星期幾的計算則使用一個簡單的公式：(n+4)%7，其中 n 是從 1 月 1 日到該日期的天數。

13-16 四數有權重相加再算費波那契數

輸入：四個數字 *a b c d* 　有權重的相加：56*a + 24*b + 14*c + 6*d

費波那契數（Fibonacci number）

在數學上，費波那契數是以遞迴的方法來定義：

$F_0 = 0$

$F_1 = 1$

$F_n = F_{n-1} + F_{n-2}$ (n ≥2)

　　[0, 1, 1, 2, 3, 5, 8, 13, 21, 34, ...]

Input

```
1    1 1 1 1
2    1 10 100 1000
```

Output

四個數字權重的相加

```
1    100
2    7696
```

費波那契數（Fibonacci number）

```
354224848179261915075
1045669309618847542297160333049239093898920728030402007003707716155990326
3910951649600118899497609552170463946144893431527932539320964909780795367
2098467801651319985692088416679981812918740373843607240071226453871536095
3597501479944716394481920948925197446170987930462316239568336045072878629
0002339438859483051289246634281752426705589563389560205720940109841672906
2927949386847941871720278727648052169770673802077774204423567749177233164
6484334585599893087407780196712006556660313341980321122795085059045623210
1091898511182045156004936653761086426459801439305810317110051324372868865
6437165415794774510585444915252096213607929598233758243741048536289422435
2222556649181588632114895950618937168056487290937953770852976501756268875
6332140572467602926604649659479227028022691365807308764564078709115147464
```

287744317097152572024012595914550372006708705121447346976532338222611036705
326862000063155129962363701871041545506073293817882457905195634391833768983l
941438487407245127639131266571926696095868282008619422261045712036119095993
933081024542425587955247163444748912853584790777424689055974250719762594O9
6419652022959097857846701946529325384415235507540996334640553388970167l937
5341011505933263215480715894550681797222353412431634069281756964264O9752504
532141088868689713233971960282814940422347263471586902410283629424958374б9
782862292870193113400616378883750858628855805581713850571656765644394438S7
82811367599517622299340860363034702354109211887330598269033537068020225816
158б32177557538261704038304389379547191446494107196910376830358445371080150
36484974070727052212852256280147б488б38666461147

資料來源：https://zerojudge.ntub.tw/team

```python
def fib(n):
    f = [0,1]
    if n<=1:
        return n
    for i in range(2,n+1):
        f[0],f[1]= f[1],f[0]+f[1]
    return f[1]
while True:
    try:
        a,b,c,d =map(int, input().split())
        r = 56*a+ 24*b+ 14*c+ 6*d
        print(fib(r))
    except:
        break
```

1. 這段程式碼定義了一個函數 fib(n)，用於計算斐波那契數列的第 n 項，其中斐波那契數列的前兩項為 0 和 1，從第三項開始，每一項都是前兩項的和。

2. 使用一個無限循環來不斷讀取四個整數 a、b、c 和 d 的輸入，並分別將它們乘上一些固定的係數，然後將這些數字作為參數傳遞給 fib(n) 函數進行計算。

13-17 漢明距離

類別說明：

1. 類別名稱：Hamming

2. 靜態方法：

    (1) toBin(num)，將輸入值轉為二進位

    傳入值型態：int
    回傳值型態：str
    回傳值說明：將 num 轉為 20 個位數的二進位（不足時補前導 0）
    　　　　　　例如：50 轉成 00000000000000110010
    　　　　　　　　　100 轉成 00000000000001100100

    (2) distance(num1, num2)，計算漢明距離

    傳入值型態：int, int
    回傳值型態：int
    回傳值說明：num1 及 num2 的漢明距離

什麼是漢明距離？

漢明距離是 2 個數的二進位數有多少個相同位置上的值不同。

例如：'100110' 和 '101011' 共有 3 個位置的值不同，漢明距離=3。

主程式說明：

(1) 輸入：由鍵盤輸入測試值並轉成 int 型態

(2) 處理：呼叫 Number 的各靜態方法

(3) 輸出：印出各回傳值

測試(1)：

輸入

```
50 100
```

輸出

```
00000000000000110010 (50 的二進位碼)
00000000000001100100 (100 的二進位碼)
4 (二者的漢明距離)
```

測試(2)：

輸入

```
100 986895
```

輸出

```
00000000000001100100
11110000111100001111
13
```

資料來源：https://zerojudge.ntub.tw/team

```
def toBin(n):
    s = ''
    while n>0:
        s =  str(n%2)+s
        n = n//2
    s = '0'*(20-len(s)) +  s
    return s
def distance(s1,s2):
    d = 0
    for i in range(20):
        if s1[i]!=s2[i]:
            d+=1
    return d

s = [int(i) for i in input().split()]
s1 = toBin(s[0])
s2 = toBin(s[1])
print(s1)
print(s2)
print(distance(s1,s2))
```

1. 定義了兩個函數 toBin 和 distance，並且使用了這兩個函數來計算兩個數字在二進位下的差距。

2. 函數 toBin 接收一個整數 n 作為參數，並回傳一個 20 位的二進位字串，代表 n 的二進位表示。函數透過不斷取 n 的二進位最低位數字，得到 n 的二進位表示，然後將其轉換為字串形式回傳。如果 n 的二進位表示不足 20 位，該函數會在回傳的字串前面添加 0，直到該字串長度為 20。

3. 函數 distance 接收兩個 20 位的二進位字串 s1 和 s2 作為參數，並回傳它們的漢明距離。漢明距離是指兩個等長字串中對應位置上不同字元的個數。該函數透過追蹤兩個字串中的每個字元，比較它們的值，並計算不同字元的個數，最後回傳這個數量。

4. 主程式部分首先讀取一個包含兩個整數的串列 s，然後分別呼叫 toBin 函數，將這兩個整數轉換為 20 位的二進位字串。將這兩個二進位字串輸出，並呼叫 distance 函數來計算它們的漢明距離，並將結果輸出。

13-18 排序（Sort）練習

排序（Sort）

輸入

有多列資料。每一列為測一組測試資料為多個整數數字，整數數字會落在 1 到 3999 之間。整數數字以逗號和空白隔開。

輸出

輸出由大到小，整數數字以逗號和空白隔開。頭尾加 []。

範例輸入輸出

範例輸入|

```
1    89, 34, 23, 78, 67, 100, 66, 29, 79, 55, 78, 88, 92, 96, 96, 23
2    88, 23, 92, 96, 96
3    100, 66, 29, 79, 55, 78, 88, 92, 96, 96, 23
```

範例輸出|

```
1    [100, 96, 96, 92, 89, 88, 79, 78, 78, 67, 66, 55, 34, 29, 23, 23]
2    [96, 96, 92, 88, 23]
3    [100, 96, 96, 92, 88, 79, 78, 66, 55, 29, 23]
```

資料來源：https://zerojudge.ntub.tw/team

```
while True:
    try:
        a =[int(i) for i in input().split(',')]
        a.sort()
        a.reverse()
        print(a)
    except:
        break
```

程式對串列 a 進行排序，使用 a.sort() 函式，並將串列 a 反轉，使用 a.reverse() 函式。

13-19 氣泡排序（Bubble Sort）

氣泡排序法（Bubble sort），只找出前二大數字。

輸入

有多列資料。每一列為測一組測試資料為多個整數數字，整數數字會落在 1 到 3999 之間。整數數字以逗號和空白隔開。

輸出

輸出由小到大，依氣泡排序法（Bubble Sort）演法找出前二大數，演算法就停下來。整數數字以號和空白隔開。頭尾加 []，

範例輸入輸出

範例輸入|

```
1   89, 34, 23, 78, 67, 100, 66, 29, 79, 55, 78, 88, 92, 96, 96, 23
2   88, 23, 92, 96, 96
3   100, 66, 29, 79, 55, 78, 88, 92, 96, 96, 23
```

範例輸出|

```
1   [23, 34, 67, 78, 66, 29, 79, 55, 78, 88, 89, 92, 96, 23, 96, 100]
2   [23, 88, 92, 96, 96]
3   [29, 66, 55, 78, 79, 88, 92, 96, 23, 96, 100]
```

資料來源：https://zerojudge.ntub.tw/team

```
while True:
    try:
        a =[int(i) for i in input().split(',')]
        n = len(a)
        for i in range(2):
            for j in range(n-1):
                if a[j]>a[j+1]:
                    a[j],a[j+1]=a[j+1],a[j]
        print(a)
    except:
        break
```

1. 當輸入數字時，它會試圖把輸入轉換為整數串列，然後對串列進行汽泡排序，最後輸出排序後的串列。如果出現錯誤，例如使用者輸入非數字字符，則迴圈會結束。

2. 程式碼先利用 input() 函數獲取使用者輸入的字串，再用 split() 函數按逗號分隔字串，然後利用串列生成式把字串串列轉換為整數串列。接著，程式碼獲取整數串列的長度，並利用汽泡排序對整數串列進行排序，排序完畢後輸出排序後的整數串列。

13-20 二維矩陣

類別說明：

1. 類別名稱：Chess

2. 靜態方法：(1) symmetric(mtx)

   傳入值型態：維陣列

   回傳值型態：bool

   處理說明：傳入矩陣是否對稱？若是回傳 True，不是回傳 False

什麼是對稱矩陣？

有正方型的矩陣（稱為 m），其中每 m[i][j] 都等於 m[j][i]，i 和 j 是所有矩陣中可用的指標，符合這個條件，就是對稱矩陣。

主程式說明：

(1) 輸入：由鍵盤輸入測試值，內容有 n**2 個文字資料（假設 3 ≤ n ≤ 5）

(2) 處理：將輸入的前 n 個資料組成 list，並加入另空的 list（稱為 m）
    接著的每 n 個資料都組成 list，再加入 m 中
    呼叫靜態方法並傳入 m，取得回傳值.

(3) 輸出：印出回傳值

測試(1)：

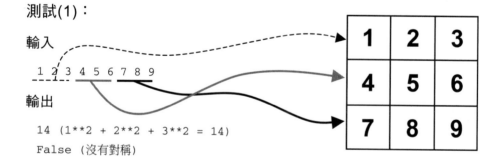

```
輸入
1 2 3 4 5 6 7 8 9

輸出
14 (1**2 + 2**2 + 3**2 = 14)
False (沒有對稱)
```

測試(2)：

輸入

1 2 3 4 2 2 4 5 3 4 3 6 4 5 6 4

輸出

True （有對稱）

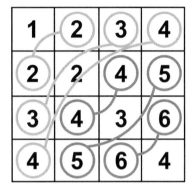

資料來源：https://zerojudge.ntub.tw/team

```
a = input()
a = [i for i in a.split()]
m = int(len(a)**0.5)
b = []
k = 0
for i in range(m):
    t = []
    for j in range(m):
        t.append(a[k])
        k+=1
    b.append(t)
# print(b)
def symmetric(b):
    for i in range(m):
        for j in range(m):
            if b[i][j]!=b[j][i]:
                return False
    return True
print(symmetric(b))
```

1. 透過 input() 函數獲取輸入的一串字符,並將其轉換成一個串列。使用了串列解析式和 split() 函數來實現。

2. 計算串列的長度開根號後的整數,即矩陣的邊長,並將其儲存在變數 m 中。

3. 建立一個空的串列 b,並使用兩個循環來追蹤原串列中的元素,將其組成 m x m 的二維串列 b。

4. 定義一個函數 symmetric(b),用於判斷二維串列 b 是否對稱。對於二維串列中的每一對元素,如果其在矩陣的對稱位置上的值不相等,則返回 False,否則返回 True。

5. 最後,呼叫 symmetric(b) 函數並印出其結果。如果輸入的字符表示的矩陣對稱,則輸出 True,否則輸出 False。

13-21 二維矩陣 II

類別說明：

1. 類別名稱：MyMtx

2. 靜態方法：(1) middle(mtx)

   傳入值型態：二維陣列，內容都是 int
   回傳值型態：二維陣列
   處理說明：傳入矩陣的每縱列（column）有 3 個值，將每個縱列內容改成該
   　　　　　縱列 3 個值中的第 2 大者，完成後再回傳。

主程式說明：

(1) 輸入：由鍵盤輸入測試值，共有 n*3 個數字（不重複），值為 1 到 n*3

(2) 處理：將輸入的前 n 個資料組成 list，並加入另空的 list（稱為 m）接著的兩組 n
    個資料也都組成 list，再加入 m 中，呼叫靜態方法並傳入 m，取得回傳值。

(3) 輸出：印出回傳值

測試(1)：

輸入

1 5 8 4 2 7 3 6 9

輸出

[[3, 5, 8], [3, 5, 8], [3, 5, 8]]

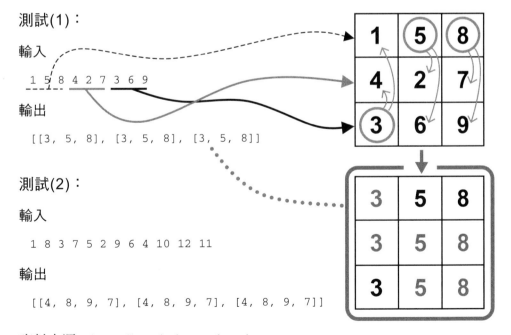

測試(2)：

輸入

1 8 3 7 5 2 9 6 4 10 12 11

輸出

[[4, 8, 9, 7], [4, 8, 9, 7], [4, 8, 9, 7]]

資料來源：https://zerojudge.ntub.tw/team

```
a = '1 8 3 7 5 2 9 6 4 10 12 11'

a= a.split()

m = []
k = 0
for i in range(3):
    t = []
    for  j in range(len(a)//3):
        t.append(a[k])
        k+=1
    m.append(t)
print(m)

for i in range(len(a)//3):
    t = []
    for j in range(3):
        t.append(a[0+i*len(a)//3+j])
    t.sort()
    for j in range(0,len(a)-3+1,3):
        a[i+j] = t[1]

m = []
k = 0
for i in range(3):
    t = []
    for  j in range(len(a)//3):
        t.append(a[k])
        k+=1
    m.append(t)
print(m)
```

說明如下：

將字串 'a' 以預設分隔符號（空格）分割成字串清單，並將其指定給 'a'。

```
a = '1 8 3 7 5 2 9 6 4 10 12 11'
a= a.split()
```

建立空的清單 'm' 和整數 'k'。

```
m = []
k = 0
```

```
for i in range(3):
# 建立空的清單 't'。
t = []

for j in range(len(a)//3):
# 將 'a' 中索引為 'k' 的字串加入 't'。
t.append(a[k])

k+=1
m.append(t)

print(m)

for i in range(len(a)//3):
# 建立空的清單 't'。
t = []

for j in range(3):
# 將 'a' 中索引為 0 加上 i 乘以 len(a) 除以 3 再加上 j 的值加入 't'。
t.append(a[0+i*len(a)//3+j])

# 將 't' 進行排序。
t.sort()

for j in range(0,len(a)-3+1,3):
# 將 'a' 中索引為 i 加上 j 的值的字串設為 't' 中索引為 1 的字串。
a[i+j] = t[1]

建立空的清單 'm' 和整數 'k'。
m = []
k = 0

for i in range(3):
# 建立空的清單 't'。
t = []

for j in range(len(a)//3):
# 將 'a' 中索引為 'k' 的字串加入 't'。
t.append(a[k])
k+=1
m.append(t)

輸出 'm'。
print(m)
```

1. 將字串 'a' 以空格分割成字串清單 'a'。

2. 建立空的清單 'm' 和整數 'k'，用來存放分組後的數字。

3. 使用兩層迴圈將 'a' 中的數字分成三組，每組包含原本字串中的 4 個數字。其中，外層迴圈 'i' 控制分組的次數，內層迴圈 'j' 則控制每組中數字的數量。

4. 將每組的數字存放到清單 'm' 中，最後輸出清單 'm'。

5. 使用兩層迴圈對每組數字中的數字進行處理。其中，外層迴圈 'i' 控制每組中的數字處理次數，內層迴圈 'j' 則控制每組中的數字索引。在每次處理時，將該組數字中的數字進行排序，並且將排序後的第二小的數字替換掉原本該位置的數字。

6. 建立空的清單 'm' 和整數 'k'，用來存放處理後的分組數字。

7. 使用兩層迴圈將處理後的分組數字存放到清單 'm' 中，最後輸出清單 'm'。

13-22 OX 棋

類別說明：

1. 類別名稱：Chess

2. 靜態方法：(1) winner(mtx)

   傳入值型態：二維陣列

   回傳值型態：str, 勝利方

   處理說明：如同 OX 棋遊戲的規則，如果一條縱線，橫線或斜線，都是 O 或 X，則該符號可得 1 分。

   計算所有的 8 條線後，最多分數者為勝利方。回傳值為（O / X / 平手），三者之一。

主程式說明：

(1) 輸入：由鍵盤輸入測試值，內容有 9 個文字資料。

(2) 處理：將輸入的前 3 個資料組成 list，並加入另空的 list（稱為 m），接著的每 3 個資料都組成 list，再加入 m 中，呼叫靜態方法並傳入 m，取得回傳值。

(3) 輸出：印出回傳值

測試(1)：

輸入

O X O X X O O X X

輸出

X

測試(2)：

輸入

O X O X O X O X O

輸出

O

測試(3)：

輸入

O X O X O X X O X

輸出

平手

資料來源：https://zerojudge.ntub.tw/team

```python
a = input()
a= a.split()
so = 0
sx = 0
for i in range(0,6+1,3):
    if a[0+i]==a[1+i]==a[2+i]=='O':
        so+=1
for i in range(0,3):
    if a[0+i]==a[3+i]==a[6+i]=='O':
        so+=1
if a[0]==a[4]==a[8]=='O':
    so+=1
if a[2]==a[4]==a[6]=='O':
    so+=1
```

```
for i in range(0,6+1,3):
    if a[0+i]==a[1+i]==a[2+i]=='X':
        sx+=1
for i in range(0,3):
    if a[0+i]==a[3+i]==a[6+i]=='X':
        sx+=1
if a[0]==a[4]==a[8]=='X':
    sx+=1
if a[2]==a[4]==a[6]=='X':
    sx+=1
if so>sx:
    print('X')
elif so<sx:
    print('O')
else:
    print('平')
```

1. 透過 input() 函式讀入一個字串，將其存放在變數 a 中。

2. 使用 split() 函式將字串 a 拆解成字串陣列，存放回變數 a 中。

3. 初始化變數 so 和 sx 為 0，用來計算 O 和 X 的勝利次數。

4. 透過 for 迴圈以及 if 判斷式，檢查井字遊戲的狀態，計算 O 和 X 的勝利次數。

5. 最後透過 if-elif-else 判斷式，根據 O 和 X 的勝利次數來決定誰是勝利者，或是平手。

13-23 練習題

1. 看本章題目，看答案，照著做做看。

2. 看本章題目，不看答案，再做做看。

3. 看本章題目，不看答案，用另一種方法，再做做看。

14

CHAPTER

APCS 大學程式設計先修檢測

- 最大和
- 成績指標
- 邏輯運算子
- 小群體
- 特殊編碼
- 完全奇數
- 定時 K 彈
- 秘密差
- 線段覆蓋長度
- 數字龍捲風
- 矩陣轉換
- 棒球遊戲

APCS（Advanced Placement Computer Science）是美國高中教育系統中的大學先修課程，旨在為學生提供進入大學程式設計領域所需的基本知識和技能。

APCS 的先修檢測是一項測試，用於評估學生是否具備參加 APCS 課程所需的基本程式設計知識和技能。

APCS 國內大學申請入學

- 107 學年度大學個人申請入學試辦個人申請入學資訊類學系第一階段檢定、篩選納入大學程式設計先修檢測（APCS）比序，APCS 組計 46 個名額，全國資訊領域校系有 14 所大學 22 校系參與。

- 108 學年度續試辦計 76 個名額，有 24 所大學 31 校系（國立 13 校/17 系/43 名、私立 11 校/14 系/33 名）參與。

- 109 學年度續試辦計 91 個名額，有 28 所大學 38 校系（國立 17 校/22 系/35 名、私立 11 校/16 系/56 名）參與。

- 110 學年度續試辦計 95 個名額，有 31 所大學 38 校系（國立 18 校/21 系/51 名、私立 13 校/17 系/44 名）參與。

- 111 學年度續試辦計 118 個名額，有 32 所大學 47 校系（國立 19 校/24 系/63 名、私立 13 校/23 系/55 名）參與。

- 112 學年度續試辦計 171 個名額，有 36 所大學 54 校系（國立 22 校/29 系/84 名、私立 13 校/25 系/87 名）參與。

- 112 學年度續試辦增加資安組，計 21 個名額，有 3 所大學 5 校系（國立 2 校/4 系/16 名、私立 1 校/1 系/5 名）參與。

APCS 國內四技申請入學

110 學年度技專校院招生策略委員會試辦大學程式設計先修檢測（APCS）納入四技申請入學招生管道第一階段超額篩選。

- 110 學年度試辦計 665 個名額，有 36 校 84 系（組）參與。

- 111 學年度試辦計 735 名額，有 38 校 94 系（組）參與。

- 112 學年度試辦計 694 名額，有 36 校 85 系（組）參與。

APCS 成績除了是申請入學 APCS 組必要成績外，也是多校特殊選才等多元入學管道重要參考資料。APCS 檢測每年舉辦三次，檢測日程預訂在 1 月、6 月及 10 月。

資料來源：https://apcs.csie.ntnu.edu.tw/index.php/apcs-introduction/

我們就觀摩一下考題吧！

14-1 最大和

問題描述

給定 N 群數字，每群都恰有 M 個正整數。若從每群數字中各選擇一個數字（假設第 i 群所選出數字為 t_i），將所選出的 N 個數字加總即可得總和 $S = t_1+t_2+...+t_N$。請寫程式計算 S 的最大值（最大總和），並判斷各群所選出的數字是否可以整除 S。

輸入格式

第一行有二個正整數 N 和 M，$1 \le N \le 20$，$1 \le M \le 20$。

接下來的 N 行，每一行各有 M 個正整數 x_i，代表一群整數，數字與數字間有一個空格，且 $1 \le i \le M$，以及 $1 \le x_i \le 256$。

輸出格式

第一行輸出最大總和 S。

第二行按照被選擇數字所屬群的順序，輸出可以整除 S 的被選擇數字，數字與數字間以一個空格隔開，最後一個數字後無空白；若 N 個被選擇數字都不能整除 S，就輸出 -1。

範例一：輸入
```
3 2
1 5
6 4
1 1
```

範例一：正確輸出
```
12
6 1
```

範例二：輸入
```
4 3
6 3 2
2 7 9
4 7 1
9 5 3
```

範例二：正確輸出
```
31
-1
```

（說明）挑選的數字依序是 5,6,1，總和 S=12。而此三數中可整除 S 的是 6 與 1，6 在第二群，1 在第 3 群所以先輸出 6 再輸出 1。注意，1 雖然也出現在第一群，但她不是第一群中挑出的數字，所以順序是先 6 後 1。

（說明）挑選的數字依序是 6,9,7,9，總和 S=31。而此四數中沒有可整除 S 的，所以第二行輸出 -1。

評分說明

輸入包含若干筆測試資料，每一筆測試資料的執行時間限制（time limit）均為 1 秒，依正確通過測資筆數給分。其中：

第 1 子題組 20 分：$1 \leq N \leq 20$，$M = 1$。

第 2 子題組 30 分：$1 \leq N \leq 20$，$M = 2$。

第 3 子題組 50 分：$1 \leq N \leq 20$，$1 \leq M \leq 20$。

```python
# ins 為 input string 的縮寫，筆者用來測試輸入資料用，測試無誤後，再把下一列程式碼，
ins = input()前面的註解#符號去除，就可以符合題意輸入要求。
ins = '''
4 3
6 3 2
2 7 9
4 7 1
9 5 3
'''
# Ins = input()
# 將字串轉成串列
a = ins.strip().split('\n')
# 取出第一行，不包含資料
a.pop(0)
# 建立空串列 d
d = []
# 將每一行轉成整數串列，並加入 d 中
for i in a:
    t = [int(j) for j in i.split()]
    d.append(t)
# 計算每一行中的最大值，並將所有最大值加總起來
s = 0
for i in d:
    s += max(i)
# 建立空串列 b
b = []
# 將可以整除 s 的每一行的最大值加入 b 中
for i in d:
    if s % max(i) == 0:
```

```
            b.append(str(max(i)))
# 將 b 中的元素組合成一個字串
b = ''.join(b)
# 如果 b 為空，則輸出-1；否則輸出 b
if b == '':
    print(-1)
else:
    print(b)
```

14-2 成績指標

問題描述

一次考試中，於所有及格學生中獲取最低分數者最為幸運，反之，於所有不及格同學中，獲取最高分數者，可以說是最為不幸，而此二種分數，可以視為成績指標。

請你設計一支程式，讀入全班成績（人數不固定），請對所有分數進行排序，並分別找出不及格中最高分數，以及及格中最低分數。

當找不到最低及格分數，表示對於本次考試而言，這是一個不幸之班級，此时請你印出：「worst case」；反之，當找不到最高不及格分數時，請你印出「best case」。註：假設及格分數為 60，每筆測資皆為 0~100 間整數，且筆數未定。

輸入格式

第一行輸入學生人數，第二行為各學生分數（0~100 間），分數與分數之間以一個空白間格。每一筆測資的學生人數為 1~20 的整數。

輸出格式

每筆測資輸出三行。
第一行由小而大印出所有成績，兩數字之間以一個空白間格，最後一個數字後無空白；
第二行印出最高不及格分數，如果全數及格時，於此行印出 best case；
第三行印出最低及格分數，當全數不及格時，於此行印出 worst case。

範例一：輸入

```
10
0 11 22 33 55 66 77 99 88 44
```

範例一：正確輸出

```
0 11 22 33 44 55 66 77 88 99
55
66
```

（說明）不及格分數最高為 55，及格分數最低為 66。

範例二：輸入

```
1
13
```

範例二：正確輸出

```
13
13
worst case
```

（說明）由於找不到最低及格分，因此第三行須印出「worstcase」。

範例三：輸入

```
2
73 65
```

範例三：正確輸出

```
65 73
best case
65
```

（說明）由於找不到不及格分，因此第二行須印出「bestcase。

評分說明

輸入包含若干筆測試資料，每一筆測試資料的執行時間限（timelimit）均為 2 秒，依正確通過測資筆數給分。

```
import copy

n = 10
a = input("請輸入 10 個整數，以空格分隔: ")
a = [int(i) for i in a.split(' ')] # 將輸入的字串轉換為整數串列
print(a)

# 將大於等於 60 的數取出，存入 p
p = [i for i in a if i >= 60]
# 將小於 60 的數取出，存入 np
np = [i for i in a if i < 60]

# 複製 a 串列，排序後存入 b
b = copy.copy(a)
b.sort()

# 輸出排序後的串列 b 和原始串列 a
print("排序後的串列 b:", b)
print("原始串列 a:", a)

# 輸出 p 中第一個元素和 np 中最後一個元素
print("大於等於 60 的數中最小值:", p[0])
print("小於 60 的數中最大值:", np[-1])
```

14-3 邏輯運算子

問題描述

小蘇最近在學三種邏輯運算子 AND、OR 和 XOR。這三種運算子都是二元運算子，也就是說在運算時需要兩個運算元，例如 a AND b。對於整數 a 與 b，以下三個二元運算子的運算結果定義如下列三個表格：

a AND b	b 為 0	b 不為 0
a 為 0	0	0
a 不為 0	0	1

a OR b	b 為 0	b 不為 0
a 為 0	0	1
a 不為 0	1	1

a XOR b	b 為 0	b 不為 0
a 為 0	0	1
a 不為 0	1	0

舉例來說：

(1) 0 AND 0 的結果為 0，0 OR 0 以及 0 XOR 0 的結果也為 0。

(2) 0 AND 3 的結果為 0，0 OR 3 以及 0 XOR 3 的結果則為 1。

(3) 4 AND 9 的結果為 1，4 OR 9 的結果也為 1，但 4 XOR 9 的結果為 0。

請撰寫一個程式，讀入 a、b 以及輯運算的結果，輸出可能的邏輯運算為何。

輸入格式

輸入只有一行，共三個整數值，整數間以一個空白隔開。第一個整數代表 a，第二個整數代表 b，這兩數均為非負的整數。第三個整數代表邏輯運算的結果，只會是 0 或 1。

輸出格式

輸出可能得到指定結果的運算，若有多個，輸出順序為 AND、OR、XOR，每個可能的運算單獨輸出一行，每行結尾皆有換行。若不可能得到指定結果，輸出 IMPOSSIBLE。

（注意輸出時所有英文字母均為大寫字母。）

範例一：輸入

```
0 0 0
```

範例一：正確輸出

```
AND
OR
XOR
```

範例二：輸入

```
1 1 1
```

範例二：正確輸出

```
AND
OR
```

範例三：輸入

```
3 0 1
```

範例三：正確輸出

```
OR
XOR
```

範例四 ：輸入

```
0 0 1
```

範例四：正確輸出

```
IMPOSSIBLE
```

評分說明

輸入包含若干筆測試資料，每一筆測試資料的執行時間限制（time limit）均為 1 秒，依正確通過測資筆數給分。其中：

第 1 子題組 80 分，a 和 b 的值只會是 0 或 1。

第 2 子題組 20 分，$0 \leq a, b < 10,000$。

```python
# instr = '000'
# instr = '111'
# instr = '301'
# instr = '001'
instr = input()
# 將不是 0 的數字全改為 1
d =  [1 if int(i)>1 else int(i) for i in instr ]
a,b,c = d

r = []
if c== a & b:
    r.append('AND')
if c== a | b:
    r.append('OR')
if c== a ^ b:
    r.append('XOR')

# 無符合資料填入 IMPOSSIBLE, 有符合資料，以 join 組合成輸出格式
if len(r)==0:
    r = 'IMPOSSIBLE'
else:
    r = '\n'.join(r)
print(r)
```

14-4 小群體

問題描述

Q 同學正在學習程式，P 老師出了以下的題目讓他練習。

一群人在一起時經常會形成一個一個的小群體。假設有 N 個人，編號由 0 到 N-1，每個人都寫下他最好朋友的編號（最好朋友有可能是他自己的編號，如果他自己沒有其他好友），在本題中，**每個人的好友編號絕對不會重複**，也就是說 0 到 N-1 每個數字都恰好出現一次。

這種好友的關係會形成一些小群體。例如 N=10，好友編號如下：

	0	1	2	3	4	5	6	7	8	9
好友編號	4	7	2	9	6	0	8	1	5	3

0 的好友是 4，4 的好友是 6，6 的好友是 8，8 的好友是 5，5 的好友是 0，所以 0、4、6、8、和 5 就形成了一個小群體。另外，1 的好友是 7 而且 7 的好友是 1，所以 1 和 7 形成另一個小群體，同理，3 和 9 是一個小群體，而 2 的好友是自己，因此他自己是一個小群體。總而言之，在這個例子裡有 4 個小群體：{0,4,6,8,5}、{1,7}、{3,9}、{2}。本題的問題是：輸入每個人的好友編號，計算出總共有幾個小群體。

Q 同學想了想卻不知如何下手，和藹可親的 P 老師於是給了他以下的提示：如果你從任何一人 x 開始，追蹤他的好友，好友的好友，....，這樣一直下去，一定會形成一個圈回到 x，這就是一個小群體。如果我們追蹤的過程中把追蹤過的加以標記，很容易知道哪些人已經追蹤過，因此，當一個小群體找到之後，我們再從任何一個還未追蹤過的開始繼續找下一個小群體，直到所有的人都追蹤完畢。

Q 同學聽完之後很順利的完成了作業。

在本題中，你的任務與 Q 同學一樣：給定一群人的好友，請計算出小群體個數。

輸入格式

第一行是一個正整數 N，說明團體中人數。

第二行依序是 0 的好友編號、1 的好友編號、....、N-1 的好友編號。共有 N 個數字，包含 0 到 N-1 的每個數字恰好出現一次，數字間會有一個空白隔開。

輸出格式

請輸出小群體的個數不要有任何多餘的字或空白，並以換行字元結尾。

範例一：輸入	範例二：輸入
10 4 7 2 9 6 0 8 1 5 3	3 0 2 1
範例一：正確輸出	**範例二：正確輸出**
4	2
（說明） 4 個小群體是 {0,4,6,8,5}、{1,7}、{3,9} 和 {2}。	（說明） 2 個小群體分別是 {0}、{1,2}。

評分說明

輸入包含若干筆測試資料，每一筆測試資料的執行時間限制（timelimt）均為 1 秒，依正確通過測資筆數給分。其中：

第 1 子題組 20 分，$1 \le N \le 100$，每一個小群體不超過 2 人。

第 2 子題組 30 分，$1 \le N \le 1,000$，無其他限制。

第 3 子題組 50 分，$1,001 \le N \le 50,000$，無其他限制。

\# instr 為 input string 的縮寫，筆者用來測試輸入資料用，測試無誤後，再把下一列程式碼，
instr = input() 前面的註解#符號去除，就可以符合題意輸入要求。

```
instr = '''
10
4 7 2 9 6 0 8 1 5 3
'''
Instr = input()
# 將輸入的字串轉成一個串列
d1 = instr.strip().split('\n')

# 取得元素個數 n
n = int(d1[0])

# 生成一個包含 0 到 n-1 的串列
r = list(range(n))
```

```
# 將 d1 中的數字轉成整數，存成一個串列 d
d = [int(i) for i in d1[1].split(' ')]

# 初始化 gs，gs 是一個集合的串列，每個集合裡面存放的是
# 連結在一起的圖上的點的索引
gs = []

# 初始化第一個集合 t，將第一個點和第一個索引加進去
t = set()
t.add(d[0])
t.add(r[0])
gs.append(t)

# 接下來的迴圈是用來將圖上的點連結成集合
for j in range(1,len(d)):
    for i in gs:
        # 如果這個點或這個點的索引已經在集合裡面了，則將這個點和這個索引加入集合
        if d[j] in i or r[j] in i:
            i.add(d[j])
            i.add(r[j])
            break
        # 如果這個點和這個索引都不在集合裡面，則生成一個新的集合 t
        else:
            t = set()
            t.add(d[j])
            t.add(r[j])
            gs.append(t)

# 去除重複的集合
gs1 = []
for i in gs:
    if i not in gs1:
        gs1.append(i)

# 輸出集合的數量
print(len(gs1))
```

14-5 特殊編碼

問題描述

任何文字與數字在電腦中儲存時都是使用二元編碼，而所謂二元編碼也就是一段由 0 與 1 構成的序列。在本題中，A~F 這六個字元由一種特殊方式來編碼，在這種編碼方式中，這六個字元的編碼都是一個長度為 4 的二元序列，對照表如下：

字元	A	B	C	D	E	F
編碼	0101	0111	0010	1101	1000	1100

請你寫一個程式從編碼辨識這六個字元。

輸入格式

第一行是一個正整數 N，$1 \leq N \leq 4$，以下有 N 行，每行有 4 個 0 或 1 的數字，**數字間彼此以空白隔開**，每一行必定是上述六個字元其中之一的編碼。

輸出格式

輸出編碼所代表的 N 個字元，宇元之間不需要空白或換行間格。

範例一：輸入

```
1
0 1 0 1
```

範例一：正確輸出

```
A
```

範例三：輸入

```
2
1 0 0 0
1 1 0 0
```

範例三：正確輸出

```
EF
```

範例二：輸入

```
1
0 0 1 0
```

範例二：正確輸出

```
C
```

範例四：輸入

```
4
1 1 0 1
1 0 0 0
0 1 1 1
1 1 0 1
```

範例四：正確輸出

```
DEBD
```

評分說明

輸入包含若干筆測試資料，每一筆測試資料的執行時間限制均為 1 秒，依正確通過測資筆數給分。其中：

第 1 子題組 50 分：N = 1。

第 2 子題組 50 分：N ≤ 4。

```
# instr = '''
# 1
# 0101
# '''
instr = '''
4
1101
1000
0111
1101
'''
instr = input()
r = {'0101':'A','0111':'B','0010':'C','1101':'D','1000':'E','1100':'F'}

data = instr.strip().splitlines()
n   = int(data[0])

s = ''
for i in range(1,n+1):
    s += r[data[i]]
print(s)
```

執行結果

```
# DEBD
```

1. r 變數是一個字典，包含了每個二進制字串對應的字母。在 for 迴圈中，程式會追蹤所有的二進制字串，將其轉換為對應的字母，最後將所有字母組成一個新的字串 s。

2. 例子中，instr 變數中包含了 4 個二進制字串，對應的字母分別為 D、E、B 和 D，因此最終的輸出結果為 DEBD。

14-6 完全奇數

問題描述

如果一個正整數的每一位都是奇數時，例如：7、19、1759977 等，我們稱這種數字為完全奇數。對於輸入的一正整數 N，如果 K 是最靠近 N 的完全奇數，請寫一程式找出 K 與 N 之間差距的絕對值，也就是說，請計算並輸出| |K - N|。

以 N = 13256 為例，比 13256 大的最小完全奇數是 13311，比它小的最大完全奇數是 13199，因為 |13311-13256| = 55 < |13256-13199| = 57，因此輸出 55。

輸入格式

一個正整數 N，$N < 10^{18}$。

輸出格式

輸出 N 與其最近的完全奇數的差距。

範例一：輸入

135

範例一：正確輸出

0

範例三：輸入

35001

範例三：正確輸出

110

範例二：輸入

13256

範例二：正確輸出

55

範例四：輸入

1001

範例四：正確輸出

2

評分說明

輸入包含若干筆測試資料，每一筆測試資料的執行時間限制均為 1 秒，依正確通過測資筆數給分。其中：

第 1 子題組 20 分：N < 100。

第 2 子題組 30 分：N < 10^6。

第 3 子題組 50 分：N < 10^{18}。

```
# instr = '13256'
instr = input()
n = int(instr)

def isPodd(n):
    for i in str(n):
        if int(i)%2==0:
            return False
    return True

ksmall = n
while True:
    if isPodd(ksmall):
        break
    ksmall-=1
# print(ksmall)

kbig = n
while True:
    if isPodd(kbig):
        break
    kbig+=1
# print(kbig)

print(min(abs(n-kbig),abs(n-ksmall)))
```

執行結果

```
# 55
```

1. 將輸入的值轉換成整數，並命名為 n。

2. 定義了一個函數 isPodd，用來檢查一個數字是否為奇數。程式會用這個函數來
    判斷 ksmall 和 kbig 是否為奇數。

3. 迴圈中，程式會先檢查 ksmall 是否為奇數。如果是奇數，則跳出迴圈。如果不
    是奇數，則將 ksmall 減一。這個過程會一直執行，直到找到最小的奇數為止。

4. 下一個迴圈的邏輯和上一個迴圈是一樣的，只不過是在找最大的奇數。程式會將
    kbig 加一，直到找到最大的奇數為止。

5. 程式會印出 n 與 ksmall 或 kbig 之間的差距，也就是與輸入數字最接近的奇數。

14-7 定時 K 彈

問題描述

「定時 K 彈」是一個團康遊戲，N 個人圍成一個圈，由 1 號依序到 N 號，從 1 號開始依序傳遞一枚玩具炸彈，炸彈每次到第 M 個人就會爆炸，此人即淘汰，被淘汰的人要離開圓圈，然後炸彈再從該淘汰者的下一個開始傳遞。遊戲之所以稱 K 彈是因為這枚炸彈只會爆炸 K 次，在第 K 次爆炸後，遊戲即停止，而此時在第 K 個淘汰者的一位遊戲者被稱為幸運者，通常就會被要求表演節目。例如 N=5，M=2，如果 K=2，炸彈會爆炸兩次，被爆炸淘汰的順序依序是 2 與 4（參見下圖），這時 5 號就是幸運者。如果 K=3，剛才的遊戲會繼續，第三個淘汰的是 1 號，所以幸運者是 3 號。如果 K=4，下一輪淘汰 5 號，所以 3 號是幸運者。

此題輸入 N、M 與 K，請你計算出誰是幸運者。

輸入格式

輸入只有一行包含三個正整數，依序為 N、M 與 K，兩數中間有一個空格分開。其中 1 ≤ K < N。

輸出格式

請輸出幸運者的號碼，結尾有換行符號。

範例一：輸入

　5 2 4

範例一：正確輸出

　3

（說明）
被淘汰的順序是 2、4、1、5，此时 5 的
下一位是 3，也是最後剩下的，所以幸
運者是 3。

範例二：輸入

　8 3 6

範例二：正確輸出

　4

（說明）
被淘汰的順序是 3、6、1、5、2、8，此時
8 的下一位是 4，所以幸運者是 4。

評分說明

　　輸入包含若干筆測試資料，每一筆測試資料的執行時間限制（time limit）均為 1 秒，
依正確通過測資筆數給分。其中：

第 1 子題組 20 分，$1 \leq N \leq 100$，且 $1 \leq M \leq 10$，$K = N - 1$。

第 2 子題組 30 分，$1 \leq N \leq 10,000$，且 $1 \leq M \leq 1,000,000$，$K = N - 1$。

第 3 子題組 20 分，$1 \leq N \leq 200,000$，且 $1 \leq M \leq 1,000,000$，$K = N - 1$。

第 4 子題組 30 分，$1 < N < 200,000$，且 $1 < M < 1,000,000$，$1 < K < N$。

```python
# n 人數
# m 第 m 個人
# k 第 k 次
n,m,k = map(int,input().split())
# n = 5
# m = 2
# k = 4

# 建立一個包含 1 到 10 的串列 a
a = [i+1 for i in range(10)]

# 初始化變數 i 為 1
i = 1
# 當 k 大於等於 1 時進入循環
while (k>=1):
    # 取出 a 中的第一個元素
    t = a.pop(0)
    # 如果 i 是奇數，則把取出的元素加到 a 的末尾
    if i%2!=0:
        a.append(t)
    # 否則，k 減 1 表示已經取出了一個元素
    else:
        k-=1
    # i 加 1，表示已經取出了一個元素
    i+=1

# 最後剩下的一個元素即為要找的數字
print(a[0])
```

14-8 秘密差

問題描述

將一個十進位正整數的奇數位數的和稱為 A，偶數位數的和稱為 B，則 A 與 B 的絕對差值 |A-B| 稱為這個正整數的秘密差。

例如：263541 的奇數位數的和 A = 6+5+1 = 12，偶數位數的和 B = 2+3+4 = 9，所以 263541 的秘密差是 |12-9| = 3。

給定一個十進位正整數 X，請出 X 的秘密差。

輸入格式

輸入為一行含有一個十進位表示法的正整數 X，之後是一個換行字元。

輸出格式

請輸出 X 的秘密差 Y（以十進位表示法輸出），以換行字元結尾。

範例一：輸入

```
263541
```

範例一：正確輸出

```
3
```

（說明）263541 的 A = 6+5+1 = 12，B = 2+3+4 = 9，|A-B| = |12-9| = 3。

範例二：輸入

```
131
```

範例二：正確輸出

```
1
```

（說明）131 的 A = 1+1 = 2，B = 3，|A-B| = |2-3| = 1。

評分說明

輸入包含若干筆測試資料，每一筆測試資料的執行時間限制（time limit）均為 1 秒，依正確通過測資筆數給分。其中：

第 1 子題組 20 分：X 一定恰好四位數。

第 2 子題組 30 分：X 的位數不超過 9。

第 3 子題組 50 分：X 的位數不超過 1000。

```python
# 設定一個字串變數 d，其值為'263541'
#d = '263541'
d = input()
# 設定兩個初始值為 0 的變數 s1 和 s2
s1 = 0
s2 = 0

# 使用 for 迴圈從 0 到字串 d 的長度-1 進行迭代
for i in range(len(d)):
    # 如果 i 除以 2 的餘數為 0，表示 i 是偶數位
    if i%2==0:
        # 則將 d[i]轉換為整數並加到 s1 上
        s1+=int(d[i])
    # 否則 i 是奇數位
    else:
        # 則將 d[i]轉換為整數並加到 s2 上
        s2+=int(d[i])

# 計算 s1 和 s2 之差的絕對值並輸出
print(abs(s1-s2))
```

14-9 線段覆蓋長度

問題描述

給定一維座標上一些線段，求這些線段所覆蓋的長度，注意，重疊的部分只能算一次例如給定三個線段，(5,6)、(1,2)、(4,8)、和(7,9) 如下圖，線段覆蓋長度為 6。

0	1	2	3	4	5	6	7	8	9	10

輸入格式：

第一列是一個正整數 N，表示此測試案例有 N 個線段。

接著的 N 列每一列是一個線段的開始端點座標和結束端點座標整數值，開始端點座標值小於等於結束端點座標值，兩者之間以一個空格區隔。

輸出格式：

輸出其總覆蓋的長度。

範例一：輸入

輸入	説明
5	此組測試案例有 5 個段
160 180	開始端點座標值與結束端點座標
150 200	開始端點座標值與結束端點座標
280 300	開始端點座標值與結束端點座標
300 330	開始端點座標值與結束端點座標
190 210	開始端點座標值與結束端點座標

範例一：輸出

輸出	説明
110	測試案例的結果

範例二：輸入

輸入	説明
1	此組測試案例有 1 個段
120 120	開始端點座標值與結束端點座標

範例二：輸出

輸出	説明
0	測試案例的結果

評分說明

輸入包含若干筆測試資料，每一筆測試資料的執行時間限制（time limit）均為 2 秒，依正確通過測資筆數給分。每一個端點座標是一個介於 0~M 之間的整數，每組測試案例線段個數上限為 N。其中：

第一子題組 30 分，M < 1000，N < 100，線段沒有重疊。

第二子題組 40 分，M < 1000，N < 100，線段可能重疊。

第三子題組 30 分，M < 10000000，N < 10000，線段可能重疊。

```
# d 用來記錄區間中每個位置是否已被覆蓋，一開始先全部設為 0
d = [0 for i in range(1000+1)]
# instr 是一個描述區間和線段的字串，先將它轉成 list 方便處理
instr = '''5
160 180
150 200
280 300
300 330
190 210'''
d1 = [i for i in instr.strip().split()]
# 第一個元素是區間中線段的數量，先取出來
n = int(d1[0])
d1.pop(0)
# 將每個線段的起點和終點存成一個 list
d1 = [int(i) for i in d1]
d2 = []
for i in range(0,len(d1),2):
    t = [d1[i],d1[i+1]]
    d2.append(t)
# 對於每條線段，將它覆蓋的區間標記為 1
for i in d2:
    a,b = i[0],i[1]
    for j in range(a,b+1):
        d[j] = 1
# 將 d 轉成字串，以 0 為分隔符，拆成若干個子字串
d = [str(i) for i in d]
d = ''.join(d)
d = d.split('0')
# 只保留非空字串
d = [i for i in d if i!='']
s = 0
# 對於每個子字串，用 2 當分隔符拆成若干段
# 每段中 1 的個數減 1 就是可以再放入的線段數
for i in d:
    t = i.split('2')
    t = [i for i in t if i!='']
    p = [i.count('1')-1 for i in t]
    s+=sum(p)
print(s)
```

14-10 數字龍捲風

問題描述

給定一個 N*N 的二維陣列,其中 N 是奇數,我們可以從正中間的位置開始,以順時針旋轉的方式走訪每個陣列元素恰好一次。對於給定的陣列內容與起始方向,請輸出走訪順序之內容。下面的例子顯示了 N=5 且第一步往左的走訪順序:

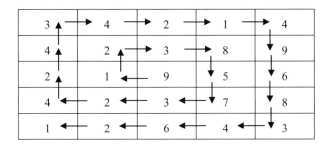

依此順序輸出陣列內容則可以得到「9123857324243421496834621」

類似地,如果是第一步向上,則走訪順序如下:

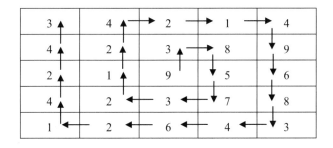

依此順序輸出陣列內容則可以得到「9385732124214968346214243」。

輸入格式

輸入第一行是整數 N,N 為奇數且不小於 3。第二行是一個 0~3 的整數代表起始方向,其中 0 代表左、1 代表上、2 代表右、3 代表下。第三行開始 N 行是陣列內容,順序是由上而下,由左至右,陣列的內容為 0~9 的整數,同一行數字中間以一個空白間隔。

輸出格式

請輸出走訪順序的陣列內容,該答案會是一連串的數字,數字之間**不要輸出空白**,結尾有換行符號。

範例一：輸入

```
5
0
34214
42389
21956
42378
12643
```

範例一：正確輸出

```
91238573242434214964834621
```

範例二：輸入

```
3
1
412
305
678
```

範例二：正確輸出

```
012587634
```

評分說明

輸入包含若干筆測試資料，每一筆測試資料的執行時間限制（time limit）均為 1 秒，依正確通過測資筆數給分。其中：

第 1 子題組 20 分，$3 \le N \le 5$，且起始方向均為向左。

第 2 子題組 80 分，$3 \le N \le 49$，起始方向無限定。

提示：本題有多種處理方式，其中之一是觀察每次轉向與走的步數。例如，起始方向是向左時，前幾步的走法是：左 1、上 1、右 2、下 2、左 3、上 3、……一直到出界為止。

```python
# 輸入數字矩陣 d1，並將其轉換為 2D list d
d1 = '''
3 4 2 1 4
4 2 3 8 9
2 1 9 5 6
4 2 3 7 8
1 2 6 4 3
'''
d = [[j for j in i.split()] for i in d1.strip().split('\n')]

def go():
    global turn,ctr,r,c
    # 確認方向
    turn = turn % 4
    # 向左移動
```

```python
    if turn == 0:
        c -= 1
    # 向上移動
    elif turn == 1:
        r -= 1
    # 向右移動
    elif turn == 2:
        c += 1
    # 向下移動
    elif turn == 3:
        r += 1
    # 輸出當前位置的數字
    print(d[r][c], end='')
    # 記錄已經輸出的數字個數
    ctr += 1
    # 如果已經輸出所有數字，就結束程式
    if ctr >= n**2:
        exit()


# 設定起始值，開始輸出數字
turn = 0
n = 5
r, c = n//2, n//2
ctr = 0
print(d[r][c], end='')
ctr += 1
# 如果矩陣大小為 1，就直接結束程式
if n == 1:
    exit()


# 開始按規律輸出數字
for i in range(1, 6):
    for j in range(i):
        go()
    turn += 1
    for j in range(i):
        go()
    turn += 1
```

14-11 矩陣轉換

問題描述

矩陣是將一群元素整的排列成一個矩形，在矩陣中的橫排稱為列（row），直排稱為行（column），其中以 X_{ij} 表示矩陣 X 中的第 i 列第 j 行的元素。如圖一中，$X_{32} = 6$。

我們可以對矩陣定義兩種操作如下：

　　翻轉：即第一列與最後一列交換、第二列與倒數第二列交換、...依此類推。

　　旋轉：將矩陣以順時針方向轉 90 度。

例如：短陣 X 翻轉後可得到 Y，將矩陣 Y 再旋轉後可得到乙。

X			Y			Z		
1	4		3	6		1	2	3
2	5		2	5		4	5	6
3	6		1	4				

圖一

一個矩陣 A 以經過一連串的旋轉與翻轉操作後，轉成新矩陣 B。如圖二中，A 經過翻轉與兩次旋轉後，可以得到 B。給定矩陣 B 和一連串的操作，請算出原始的矩陣 A。

　　A　　翻轉→　　　　旋轉→　　　　　旋轉→　　B

A			翻轉			旋轉				旋轉	B	
1	1		2	1		1	1	2			1	1
1	3		1	3		1	3	1			3	1
2	1		1	1							1	2

圖二

輸入格式

第一行有三個介於 1 與 10 之間的正整數 R, C, M。接下來有 R 行（line）是矩陣 B 的內容，每一行（line）都包含 C 個正整數，其中的第 i 行第 j 個數字代表矩陣 B_{ij} 的值。在矩陣內容後的一行有 M 個整數，表示對矩陣 A 進行的操作。第 k 個整數 m_k 代表第 k 個操作，如果 $m_k = 0$ 則代表旋轉，$m_k = 1$ 代表翻轉。同一行的數字之間都是以一個空白間格，且矩陣內容為 0~9 的整數。

輸出格式

輸出包含兩個部分。第一個部分有一行，包含兩個正整數 R' 和 C'，以一個空白隔開，分別代表矩陣 A 的列數和行數。接下來有 R' 行，每一行都包含 C' 個正整數，且每一行的整數之間以一個空白隔開，其中第 i 行的第 j 個數字代表矩陣 A_{ij} 的值。每一行的最後一個數字後並無空白。

範例一：輸入	範例二：輸入
3 2 3	3 2 2
1 1	3 3
3 1	2 1
1 2	1 2
1 0 0	0 1

範例一：正確輸出	範例二：正確輸出
3 2	2 3
1 1	
1 3	2 1 3
2 1	1 2 3

（說明）	（說明）
如圖二所示	

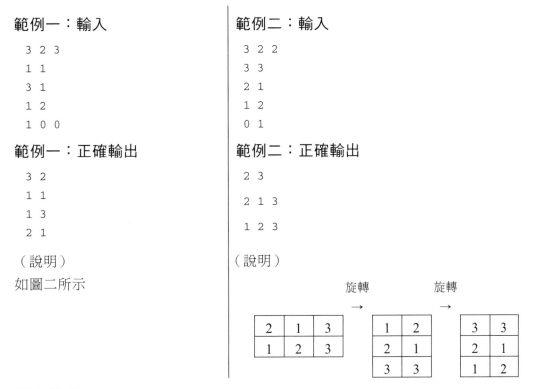

評分說明

輸入包含若干筆測試資料，每一筆測試資料的執行時間限制（time limit）均為 2 秒，依正確通過測資筆數給分。其中：

第 1 子題組 30 分，其每個操作都是翻轉。

第 2 子題組 70，操作有翻轉也有旋轉。

```
# 定義函式 tt，用來將傳進來的參數 a 反轉
def tt(a):
    return a[::-1]

# 定義一個二維串列 a，裡面有 4 個子串列
a = [[1,1,8],
     [1,3,7],
     [2,1,6],
     [5,6,5]]

# 印出串列 a
print(a)

# 將串列 a 傳入 tt 函式中，反轉後儲存到變數 cur 中
cur = tt(a)

# 印出反轉後的 cur 串列
print(cur)

# 定義函式 rr，用來將傳進來的二維串列 a 逆時針旋轉 90 度
def rr(a):
    m = len(a[0])    # 取得二維串列的列數，也就是每個子串列的長度
    n = len(a)       # 取得二維串列的行數，也就是子串列的個數
    b = [[0 for i in range(n)] for j in range(m)]    # 建立一個新的二維串列 b，
並初始化為全 0
    for i in range(m):
        for j in range(n):
            b[i][j] = a[n-1-j][i]    # 將 a 旋轉後的元素放進 b 中
    return b

# 將 cur 傳入 rr 函式中逆時針旋轉 90 度，並儲存回 cur 中
cur = rr(cur)
# 印出旋轉後的 cur 串列
print(cur)

# 再次將 cur 逆時針旋轉 90 度，並儲存回 cur 中
cur = rr(cur)
# 印出旋轉後的 cur 串列
print(cur)
```

14-12 棒球遊戲

問題描述

謙謙最近迷上棒球,他想自己寫一個簡化的棒球遊戲計分程式。這個程式會讀入球隊中每位球員的打擊結果,然後計算出球隊的得分。

這是個簡化版的模擬,假設擊球員的打擊結果只有以下情況:

(1) 安打:以 1B、2B、3B 和 HR 分別代表一壘打、二壘打、三壘打和全(四)壘打。

(2) 出局:以 FO、GO 和 SO 表示。

這個簡化版的規則如下:

(1) 球場上有四個壘包,稱為本壘、一壘、二壘和三壘。

(2) 站在本壘握著球棒打球的稱為「擊球員」,站在另外三個壘包的稱為「跑壘員」。

(3) 當擊球員的打擊結果為「安打」時,場上球員(擊球員與跑壘員)可以移動;結果為「出局」時,跑壘員不動,擊球員離場,換下一位擊球員。

(4) 球隊總共有九位球員,依序排列。比賽開始由第 1 位開始打擊,當第 i 位球員打擊完畢後,由第(i+1)位球員擔任球員。當第九位球員完畢後,則輪回第一位員。

(5) 當打出 K 壘打時,場上球員(擊球員和跑員)會前進 K 個壘包。從本壘前進一個壘包會移動到一壘,接著是二壘、三壘,最後回到本壘。

(6) 每位球員回到本壘時可得 1 分。

(7) 每達到三個出局數時,一、二和三壘就會清空(跑壘員都得離開),重新開始。

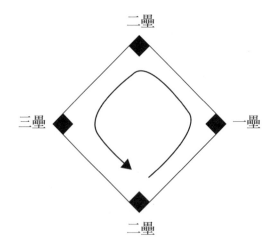

請寫出具備這樣功能的程式，計算球隊的總得分。

輸入格式

1. 每組測試資料固定有十行。

2. 第一到九行，依照球員順序，每一行代表一位球員的打擊資訊。每一行開始有一個正整數 a（$1 \leq a \leq 5$），代表球員總打了 a 次。接下來有 a 個字（均為兩個字元），依序代表每次打擊的結果。資料之間均以一個空白字元隔開。球員的打擊資訊不會有錯誤也不會缺漏。

3. 第十行有一個正整數 b（$1 \leq b \leq 27$），表示我們想要計算當總出局數累計到 b 時，該球隊的得分。輸入的打擊資訊中至少包含 b 個出局。

輸出格式

計算在總計第 b 個出局數發生時的總得分，並將此得分輸出於一行。

範例一：輸入	範例二：輸入
5 1B 1B FO GO 1B	5 1B 1B FO GO 1B
5 1B 2B FO FO SO	5 1B 2B FO FO SO
4 SO HR SO 1B	4 SO HR SO 1B
4 FO FO FO HR	4 FO FO FO HR
4 1B 1B 1B 1B	4 1B 1B 1B 1B
4 GO GO 3B GO	4 GO GO 3B GO
4 1B GO GO GO	4 1B GO GO GO
4 SO GO 2B 2b	4 SO GO 2B 2B
4 3B GO GO FO	4 3B GO GO FO
3	6

範例一：正確輸出

0

（說明）

1B：一壘有跑壘員。

1B：一、二壘有跑壘員。

SO：一、二有跑壘員，一出局。

FO：一、二有跑壘員，兩出局

1B：一、二、三有跑壘員，兩出局。

GO：一、二、三有跑壘員，三出局。

範例二：正確輸出

5

（說明）接續範例一，達到第三個出局數時未得分，壘上清空。

1B：一壘有跑員。

SO：一壘有跑壘員，一出局。

3B：三有跑壘員，一出局，得一分。

1B：一有跑壘員，一出局，得兩分。

2B：二、三有跑壘員，一出局，得兩分。

HR：一出局，得五分。

FO：兩出局，得五分。

1B：一壘有跑壘員，兩出局，得五分。

GO：一壘有跑壘員，三出局，得五分。

因為 b = 6，代表要計算的是累積六個出局時的得分，因此在前 3 個出局數時得 0 分，第 4~6 個出局數得到 5 分，因此總得分是 0 + 5 = 5 分。

評分說明

輸入包含若干筆測試資料，每一筆測試資料的執行時間限制（time limit）均為 1 秒，依正確通過測資筆數給分。其中：

第 1 子題組 20 分，打擊表現只有 HR 和 SO 兩種。

第 2 子題組 20 分，安打表現只有 1B，而且 b 固定為 3。

第 3 子題組 20 分，b 固定為 3。

第 4 子題組 40 分，無特別限制。

```python
# 輸入比賽資訊，最後一行為局數
ins = '''
5 1B 1B FO GO 1B
5 1B 2B FO FO SO
4 SO HR SO 1B
4 FO FO FO HR
4 1B 1B 1B 1B
4 GO GO 3B GO
4 1B GO GO SO
4 SO GO 2B 2B
4 3B GO GO FO
6
'''


# 將每一局的比賽資訊分開存放到一個串列中
d1 = [ i for i in ins.strip().split('\n') ]
# 取出最後一行的局數，並移除
b = int(d1[-1])
d1.pop()
# 將每一局的比賽資訊再分解成每一個打者的比賽資訊存放到一個二維串列中
d2 = [[j for j in i.split()] for i in d1]

# 取出每一個打者的結果，存放到一個串列中
d = []
for i in range(1,6):
    for j in range(9):
        if int(d2[j][0])>= i:
            d.append(d2[j][i])

# 函數 aB(n)：處理打者 n 個壘打到的結果
def aB(n):
    global score
    p.append(1)
    for i in range(n-1):
        p.append(0)

    for i in range(n):
        c = p.pop(0)
        score = score + c
```

```python
# 函數 hr()：處理全壘打的結果
def hr():
    global score
    global p
    score = score + sum(p)+1
    p=[0,0,0]

# 主程式
score = 0
p = [0,0,0] # 記錄三個壘上的狀況，0 表示沒人在該壘，1 表示有人在該壘
out = 0 # 記錄出局數
bc = 0 # 記錄投球數
for i in range(len(d)):
    cur = d.pop(0) # 取出當前打者的比賽結果
    if cur[0] in '123' :
        aB(int(cur[0])) # 處理當前打者的比賽結果
    elif cur[1]=='O':
        out+=1 # 增加出局數
        bc+=1 # 增加投球數
    elif cur == 'HR': hr() # 處理全壘打的比賽結果

    if out ==3 :
        out==0 # 重置出局數
        p = [0,0,0] # 重置三個壘上的狀況
    if b == bc: break # 若已投滿規定的投球數，則停止比賽
print(score) # 輸出比賽得分
```

14-13 練習題

1. 看本章題目，看答案，照著做做看。

2. 看本章題目，不看答案，再做做看。

3. 看本章題目，不看答案，用另一種方法，再做做看。

15

CHAPTER

用 ChatGPT
學 Python 程式設計

- 怎麼問
- 複雜的問題分多次請教 ChatGPT I
- 複雜的問題分多次請教 ChatGPT II
- 自己寫一個智慧型 chat

ChatGPT 是一款基於自然語言處理技術的 AI 模型，可以使用它來學習 Python。還可以使用 ChatGPT 來查詢 Python 相關的資源和學習路徑。

學習過程中遇到問題，可以隨時向 ChatGPT 提出問題，它會根據問題給出相應的答案和解釋。

15-1 怎麼問

把 ChatGPT 當超級助理使用，問問「她」！

- 問題：如何將一個字串反轉？
- 問題：如何將一個串列中的元素去重複？
- 問題：如何計算一個串列中所有元素的和？
- 問題：如何判斷一個字串是否是迴文？
- 問題：如何將一個字典中的所有鍵和值互換？

15-2 複雜的問題分多次請教 ChatGPT I

想要解決一個複雜的問題，需要使用 Python 程式設計，但是你只能分兩或三次請教 ChatGPT，那麼以下是一個舉例：

問題描述：

給一個包含整數的串列，請寫一個 Python 函數來計算串列中所有數字的平方和。

第一次請教 ChatGPT：

你可以詢問 ChatGPT 如何編寫一個函數來計算一個串列中所有數字的平方和。ChatGPT 提供以下程式碼：

```python
def calculate_square_sum(numbers):
    square_sum = 0
    for number in numbers:
        square_sum += number**2
    return square_sum
```

第二次請教 ChatGPT：

詢問 ChatGPT 如何編寫一個函數來讀取使用者輸入的整數串列。ChatGPT 提供以下程式碼：

```
def read_integer_list():
    integer_list = input("請輸入整數串列，以逗號分隔：")
    integer_list = integer_list.split(",")
    integer_list = [int(i) for i in integer_list]
    return integer_list
```

第三次請教 ChatGPT：

詢問 ChatGPT 如何組合這兩個函數，以計算一個使用者輸入的整數串列的平方和。ChatGPT 提供以下程式碼：

```
def calculate_square_sum_of_input_list():
    integer_list = read_integer_list()
    square_sum = calculate_square_sum(integer_list)
    return square_sum
```

透過這三個步驟，學會如何使用 Python 編寫一個函數，計算一個使用者輸入的整數串列的平方和。

15-3 複雜的問題分多次請教 ChatGPT II

假設你在撰寫一個 Python 程式，需要解決以下複雜問題：給定一個由數字組成的串列，找出其中連續的子序列，使得它們的總和最大。例如，對於串列 [1, -2, 3, 10, -4, 7, 2, -5]，最大子序列是 [3, 10, -4, 7, 2]，其總和為 18。

```
# 你可以將問題分成以下步驟：

# 找出所有可能的子序列
# 計算每個子序列的總和
# 找到總和最大的子序列

# 第一步可以使用巢狀迴圈來完成，第二步可以使用累加器變數，第三步可以使用一個簡單的條件語句。
```

如果你在實作這個算法時遇到問題，你可以請教 ChatGPT。以下是一個可能的對話範例：

你：如何找到一個串列中最大的連續子序列總和？

ChatGPT：當然，我會盡力幫助你。你已經有了一些想法嗎？

你：如何使用嵌套迴圈找到所有的子序列，然後計算它們的總和？

ChatGPT：
```python
for i in range(len(lst)):
    for j in range(i, len(lst)):
        sub_lst = lst[i:j+1]
        # 在這裡計算子序列的總和
```

你：如何計算它們的總和。
ChatGPT：可以使用一個累加器變數來計算子序列的總和。在迴圈中，你將當前的子序列添加到累加器變數中。例如：

```python
max_sum = float('-inf')
for i in range(len(lst)):
    for j in range(i, len(lst)):
        sub_lst = lst[i:j+1]
        sub_sum = sum(sub_lst)
        max_sum = max(max_sum,sub_sum)
print(max_sum)
```

到這裡，讀者會以為有 ChatGPT，就萬事 OK 了，貼上去執行看看。

哇！不能執行，怎麼辦？

錯誤訊息如下：

```
30    max_sum = float('-inf')
31  ∨ for i in range(len(lst)):

Exception has occurred: NameError
name 'lst' is not defined
  File "C:\Users\j945935\Desktop\ptest202204\max Sum of sublist.py", line 31, in <module>
    for i in range(len(lst)):

32  ∨     for j in range(i, len(lst)):
33              sub_lst = lst[i:j+1]
```

```
name 'lst' is not defined
  File "C:\Users\j945935\Desktop\ptest202204\max_Sum_of_sublist.py", line
31, in <module>
```

關鍵字是 'lst' is not defined 及 line 31 這二個地方，意思是 lst 沒有定義，在第 31 列地方。

解決辦法是回頭看題目，題目有 lst 的值 [1, -2, 3, 10, -4, 7, 2, -5]

補上去，程式變成

```
lst = [1, -2, 3, 10, -4, 7, 2, -5]
max_sum = float('-inf')
for i in range(len(lst)):
    for j in range(i, len(lst)):
        sub_lst = lst[i:j+1]
        sub_sum = sum(sub_lst)
        max_sum = max(max_sum,sub_sum)
print(max_sum)
```

再執行就成功了！

ChatGPT 是很棒的幫手，但怎麼有效率、有重點的問 ChatGPT，然後看懂 ChatGPT 給您的答案，更重要。

人工智慧再厲害，我們都要有獨立思考的能力，以及對答案懷疑的態度，並且不要將 AI 的回答作為唯一的決策依據。

還是要多讀書、多學習，有概念，基本功紮實，才能善用 AI 工具，而不是被 AI 取代。

15-4 自己寫一個智慧型 chat

ChatGPT 很火紅，自己寫一個，過程可以理解相關的概念，運作原理，以後使用 ChatGPT 會更得心應手。

> 註　若使用 Python online 工具，有中文無法使用情形，可改用
>
> https://www.programiz.com/Python-programming/online-compiler/

版本 1 不管對方講什麼，只會說您好

```
while True:
    uMsg = input()
    cMsg = '您好！'
    print(cMsg)
```

執行結果

```
# 您好
```

版本 2 加入被罵會回嘴功能

```
bad = '豬頭,笨蛋,兩光'
while True:
    uMsg = input()
    cMsg = '您好！'
    if uMsg in bad:
        cMsg = '您也是'+ uMsg
    print(cMsg)
```

執行結果

```
# 笨蛋
# 您也是笨蛋
```

版本 3 聽到讚美，會講客氣話

```
bad = '豬頭,笨蛋,兩光'
good = '很聰明, 很漂亮, 很可愛'
while True:
    uMsg = input()
    cMsg = '您好！'
    if uMsg in bad:
        cMsg = '您也是'+ uMsg
    if uMsg in good:
        cMsg = '您講客氣話了，謝謝您的讚美！'
    print(cMsg)
```

執行結果

很可愛
您講客氣話了，謝謝您的讚美！

版本 4　聽到讚美，會講不一樣多種客氣話

```
import random
bad = '豬頭, 笨蛋 ,兩光'
good = '很聰明, 很漂亮, 很可愛'
goodMsg = ['您講客氣話了, 謝謝您的讚美!', '沒有啦! 您才是']
while True:
    uMsg = input()
    cMsg = '您好!'
    if uMsg in bad:
        cMsg = '您也是'+ uMsg
    if uMsg in good:
        cMsg = random.choice(goodMsg)
    print(cMsg)
```

執行結果

很可愛
您講客氣話了, 謝謝您的讚美！
很可愛
沒有啦！ 您才是！

說明：random.choice(goodMsg) 從 goodMsg 中隨機選出一個回答選項。

版本 5　加入早上問早安，中午問午安，晚上問晚安功能

```
import datetime
import random
cMsg = '您好!'
current_time = datetime.datetime.now().time()
if current_time < datetime.time(12, 0):
    cMsg = "早安!" + cMsg
elif current_time < datetime.time(18, 0):
    cMsg = "午安!" + cMsg
else:
```

```
        cMsg = "晚安！" + cMsg

bad = '豬頭, 笨蛋 ,兩光'
good = '很聰明, 很漂亮, 很可愛'
goodMsg = ['您講客氣話了, 謝謝您的讚美！', '沒有啦！ 您才是']
while True:
    uMsg = input()
    if uMsg in bad:
        cMsg = '您也是'+ uMsg
    if uMsg in good:
        cMsg = random.choice(goodMsg)
    print(cMsg+'\n')
```

執行結果

```
# 你好
# 早安！您好！

# 聰明
# 沒有啦！ 您才是

# 兩光
# 您也是兩光
```

1. 這個範例使用 datetime 模組中的 now() 方法來取得當前時間。然後，它使用 time()
    方法來獲取當前時間的小時和分鐘。

2. 使用 if 陳述式來判斷時間。如果當前時間小於中午 12 點，則顯示 "早安！"；如
    果當前時間小於下午 6 點，則顯示 "午安！"；否則顯示 "晚安！"。

版本 6　修改互動提示詞

```
import datetime
import random
cMsg = '您好！'
current_time = datetime.datetime.now().time()
if current_time < datetime.time(12, 0):
    cMsg = "早安！" + cMsg
elif current_time < datetime.time(18, 0):
    cMsg = "午安！" + cMsg
```

```
else:
    cMsg = "晚安！" + cMsg

print('您好，我是陽春對話機器人')
bad = '豬頭, 笨蛋 ,兩光'
good = '很聰明, 很漂亮, 很可愛'
goodMsg = ['您講客氣話了, 謝謝您的讚美！', '沒有啦！ 您才是']
while True:
    uMsg = input('請留話：')
    if uMsg in bad:
        cMsg = '您也是'+ uMsg
    if uMsg in good:
        cMsg = random.choice(goodMsg)
    Msg = '機器人：'+ cMsg + '\n'
    print(Msg)
```

執行結果

```
# 您好，我是陽春對話機器人
# 請留話：早安
# 機器人：早安！您好！

# 請留話：聰明
# 機器人：您講客氣話了, 謝謝您的讚美！

# 請留話：兩光
# 機器人：您也是兩光

# 請留話：
```

修改互動提示詞，讓互動過程較清楚！

一點點時間，自己寫一下陽春的聊天機器人，改一下也會很有趣，比起 ChatGPT 這種百億美金做出來的系統，當然太陽春。但玩一下，了解一下原理、概念，下次使用 ChatGPT 應該會更得心應手吧，大家加油！

15-5 練習題

1. （　　） ChatGPT 是哪一種人工智慧技術？

 　 (A) 機器學習 　　　　　　　　(B) 深度學習

 　 (C) 自然語言處理 　　　　　　(D) 全部都是

2. （　　） ChatGPT 是由哪個公司開發的？

 　 (A) Google 　　(B) Facebook 　　(C) Microsoft 　　(D) OpenAI

3. （　　） ChatGPT 的全名是什麼？

 　 (A) Chatting Generative Pre-training Transformer

 　 (B) Conversational Generative Pre-trained Transformer

 　 (C) Chatting Generative Pre-trained Technology

 　 (D) Conversational Generative Preparing Transformer

4. （　　） ChatGPT 主要用途是什麼？

 　 (A) 語言翻譯 　　(B) 對話生成 　　(C) 影像辨識 　　(D) 音訊處理

5. （　　） ChatGPT 的前身是哪個模型？

 　 (A) BERT 　　　　　　　　　(B) GPT

 　 (C) ELMO 　　　　　　　　　(D) Transformer-XL

6. （　　） ChatGPT-3 的模型參數量有多少？

 　 (A) 100 萬 　　(B) 1 千萬 　　(C) 1 億 　　(D) 1 千億

7. （　　） ChatGPT 可以幫助用戶完成哪些任務？

 　 (A) 寫作 　　(B) 程式設計 　　(C) 研究 　　(D) 以上皆是

8. （　　） ChatGPT 的輸入格式是什麼？

 　 (A) 數字 　　(B) 文字 　　(C) 圖片 　　(D) 影片

APPENDIX

附錄

- Python 語法簡例
- 10 個常見 Python 執行階段錯誤訊息與原因
- 使用 Python Help 文件

A-1 Python 語法簡例

單行註解

```
# 2023-03-31 王小美 修訂
```

多行註解

```
"""
日期：2023-03-30
程式設計：王小美.
部門：研發處.
"""
```

變數

```
# 宣告變數
x = 5
y = "Hello, world!"
```

資料型別

```
# 數字：
x = 5          # int
y = 3.14       # float
z = 1j         # complex

# 字串
x = "Hello, world!"
y = 'Python'

# 清單
x = ["apple", "banana", "cherry"]
# 元組
x = ("apple", "banana", "cherry")

# 集合
x = {"apple", "banana", "cherry"}
```

```
# 字典
x = {"name": "John", "age": 36}
```

運算符

```
# 算術運算符:
x = 5
y = 2

print(x + y)      # 7
print(x - y)      # 3
print(x * y)      # 10
print(x / y)      # 2.5
print(x % y)      # 1
print(x ** y)     # 25
print(x // y)     # 2


# 比較運算符:
x = 5
y = 2

print(x == y)     # False
print(x != y)     # True
print(x > y)      # True
print(x < y)      # False
print(x >= y)     # True
print(x <= y)     # False


# 邏輯運算符:
x = True
y = False

print(x and y)    # False
print(x or y)     # True
print(not x)      # False
```

條件語句

```python
x = 5

if x > 10:
    print("x is greater than 10")
elif x > 5:
    print("x is greater than 5 but less than or equal to 10")
else:
    print("x is less than or equal to 5")
```

迴圈

```python
# for 迴圈:
fruits = ["apple", "banana", "cherry"]

for fruit in fruits:
    print(fruit)

# while 迴圈:
i = 0

while i < 5:
    print(i)
    i += 1
```

函式

```python
def greet(name):
    print("Hello, " + name + "!")

greet("John")
```

引用模組

```python
import math

print(math.pi)
```

錯誤處理

```
try:
    x = 5 / 0
except ZeroDivisionError:
    print("Cannot divide by zero")
```

A-2　10 個常見 Python 執行階段錯誤訊息與原因

錯誤類型	錯誤訊息	原因
NameError	name 'x' is not defined	嘗試使用未定義的變數
TypeError	can only concatenate str (not "int") to str	嘗試將不同類型的變數相加
ZeroDivisionError	division by zero	嘗試將一個數除以零
IndexError	list index out of range	嘗試訪問不存在的串列元素
KeyError	'key'	嘗試訪問不存在的字典鍵
AttributeError	'str' object has no attribute 'append'	嘗試在不支持 append()方法的字串上使用此方法
ValueError	invalid literal for int() with base 10: 'abc'	嘗試將無法轉換為整數的字串轉換為整數
SyntaxError	invalid syntax	程式碼中有語法錯誤
ImportError	No module named 'module_name'	嘗試導入不存在的模組
IndentationError	unexpected indent	程式碼縮排不正確

A-3　使用 Python Help 文件

Python 有非常詳細的 Help 文件，讓使用者可以在撰寫程式時查詢每個模組、函數或方法的使用方式和參數等詳細資訊。

查詢模組使用方法

要查詢某個模組的使用方法，可以在 Python 交互式介面輸入 help(模組名稱)，例如：

```
>>> import math
>>> help(math)
```

查詢函數參數和回傳值

要查詢函數的使用方式和參數，可以在 Python 交互式介面輸入 help(函數名稱)，例如：

```
>>> help(abs)
```

查詢方法使用方式

要查詢某個物件的方法使用方式，可以在 Python 交互式介面輸入 help(物件.方法)，例如：

```
>>> s = "Hello World"
>>> help(s.split)
```

查詢模組、函數或方法的源碼

要查詢某個模組、函數或方法的源碼，可以在 Python 交互式介面輸入 help(物件)，例如：

```
>>> import math
>>> help(math.sin)
```

查詢內建函數和模組

要查詢 Python 內建的函數和模組，可以在 Python 交互式介面輸入 help()，例如：

```
>>> help()
```

Python Help 文件提供了非常詳細的說明和參考資訊，幫助使用者了解 Python 語言的各個方面，並協助使用者進行程式開發和維護。使用者可以透過上述的幾個例子來查詢和使用 Python Help 文件，並進一步掌握 Python 語言的各種功能和特性。

Python 範例學習書｜輕鬆、有趣學習 Python 程式設計

作　　者：吳進北
企劃編輯：郭季柔
文字編輯：江雅鈴
設計裝幀：張寶莉
發 行 人：廖文良

發 行 所：碁峰資訊股份有限公司
地　　址：台北市南港區三重路 66 號 7 樓之 6
電　　話：(02)2788-2408
傳　　真：(02)8192-4433
網　　站：www.gotop.com.tw
書　　號：AEL027300
版　　次：2023 年 08 月初版
建議售價：NT$390

國家圖書館出版品預行編目資料

Python 範例學習書：輕鬆、有趣學習 Python 程式設計 / 吳進北
　著. -- 初版. -- 臺北市：碁峰資訊, 2023.08
　　面；　　公分
　ISBN 978-626-324-582-2(平裝)
　1.CST：Python(電腦程式語言)
312.32P97　　　　　　　　　　　　　　　112011594

讀者服務

● 感謝您購買碁峰圖書，如果您對本書的內容或表達上有不清楚的地方或其他建議，請至碁峰網站：「聯絡我們」\「圖書問題」留下您所購買之書籍及問題。(請註明購買書籍之書號及書名，以及問題頁數，以便能儘快為您處理)
http://www.gotop.com.tw

● 售後服務僅限書籍本身內容，若是軟、硬體問題，請您直接與軟、硬體廠商聯絡。

● 若於購買書籍後發現有破損、缺頁、裝訂錯誤之問題，請直接將書寄回更換，並註明您的姓名、連絡電話及地址，將有專人與您連絡補寄商品。